湛庐 CHEERS

与最聪明的人共同进化

HERE COMES EVERYBODY

U0273422

Particle Physics
A Beginner's Guide

人人都该懂的
粒子物理学

[英] 布赖恩·马丁 著   朱桔 译
Brian Martin

浙江教育出版社·杭州

测一测

你对粒子物理了解多少?

扫码激活这本书
获取你的专属福利

- 伟大的德国物理学家马克斯·普朗克在刚进入大学时曾被建议不要学习物理。这是真的吗（ ）

  A. 是

  B. 不是

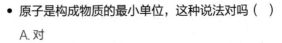

- 原子是构成物质的最小单位，这种说法对吗（ ）

  A. 对

  B. 不对

扫码获取全部测试题及答
案，了解粒子物理研究前沿

- 不属于自然界四种基本相互作用之一的是（ ）

  A. 强相互作用

  B. 弱相互作用

  C. 电磁相互作用

  D. 摩擦相互作用

走入粒子物理学的世界

爱因斯坦曾写道:"世界的永恒谜团是它的可理解性。"粒子物理学研究旨在揭开世间物质最小组成的奥秘。在本书中,我将完整地讲述粒子物理学的故事,从粒子物理学怎样从核物理学中分离出来,到这一领域的研究现状乃至未来的研究方向。

"物质是什么"这个基本问题由来已久。几千年来,众多不同的文明尝试过寻找它的答案。一种普遍的观点认为,物质是由无法继续分割为更小组分的单位构成的:这个最小单位通常被称为原子(atom)——源自希腊语,意指"无法被继续分割之物"。不过我们现在了解到，原子事实上是可以分割的。

鉴于这种渊源，对物质本质的最初探究沦为纯粹的哲学思辨似乎并不奇怪。在粒子物理学领域，这场探究物质本源的任务如今仍在继续。同早期一样，它被统一和简洁两个目标共同驱使着：粒子物理学家希望能用更少的假设来理解并阐释不断涌现的各种现象。他们致力于回答"物质的组成是什么"以及"粒子之间怎样产生相互作用"等基本问题。

当代粒子物理学领域最成功的理论是标准模型（standard model）。对于历史上最成功的物理学理论而言，这个名字着实显得有些谦逊。标准模型脱胎于理论创新与巧妙实验的完美结合。实验观测的重要性从 17 世纪开始得到重视，而成立于 1660 年的皇家学会（Royal Society）的座右铭也说明了实验观测的重要性。该座右铭可大致译为"不轻信任何人的说法"，理论和实验间的相互影响在现代科学中向来至关重要，任何科学理论在被广泛接受前都需要得到实验的有力支持。因此，在本书中，我将介绍粒子物理学实验是怎样进行的，以及如何制备和探测粒子。

作为对粒子物理学的介绍，本书主要记述了标准模型的兴起，包括它被构建出的过程以及相关假设如何在实验中得到验证。标准模型在短时间内取得了惊人的成就。我将追溯夸克的概念是怎样从粒子谱线的研究中产生的，并探讨作为四种基本相互作用之一的强相互作用如何将一些夸克结合在一起，形成可以被观测到的粒子，以及阐释这些相互作用的理论是如何诞生的。在围绕夸克展开的这段故事的最后，我将解释物理学家不得不假定存在其他种类夸克的原因，以及这些夸克的存在最终是如何通过弱相互作用被证明的。我们还将讨论标准模型如何借助弱相互作用与电磁相互作用的统一得到完善。

1875 年，伟大的德国物理学家马克斯·普朗克（Max Planck）刚刚进入慕尼黑大学，当时他曾被建议不要学习物理，因为"已经没剩下什么可发现的了"。历史教会了我们保持更加谦卑的态度。虽然标准模型在解释粒子和它们的相互作用上极为成功，但一些工作尚未完成。一个亟待解决的重要问题是粒子获得质量的机制，尽管大多数物理学家相信这个谜团将很快通过旨在探测"希格斯玻色子"（Higgs boson）的新实验[①]得到解决。希格斯玻色子是在标准模型中起到生成质量的作用的粒子。标准模型也完全没有对引力这唯一我们所有人都非常熟悉的基本相互作用做出解释。到了 21 世纪，研究重点逐渐转向超出标准模型之外的新理论，以及如何用实验对新理论做出验证。这将涉及在接近宇宙诞生后片刻的能标上对相互作用进行研究，但我们现阶段还无法达到如此高的能量。粒子物理学研究逐渐与宇宙学及有关宇宙起源的问题交织、重叠。当我讲到这些领域时，我将着重介绍一些格外有趣的问题和激动人心的发现。

---

① 希格斯玻色子已于 2012 年在大型强子对撞机（LHC）实验中被发现。——译者注

对科学家以外的人群而言，粒子物理学世界遍布着新颖奇特的概念，这其中包括夸克、胶子、反物质以及一些看似对日常生活没有影响的相互作用。基于这一原因，本书的结构不会严格遵循历史上事件发生的顺序，书中也不会试着确定每个发现的功劳归属。这份注定伴随着争议的任务还是留给历史学家比较好。粒子物理学的研究在过去 100 年间的发展复杂而曲折。我不会尝试过度简化概念，或是仅仅将如今粒子物理学领域中的事实摊开来展示。恰恰相反，在书中我会给出足够多的细节，以便让读者了解我们得到当前知识体系的过程，并明白这个领域的研究者为什么认为当前的理论和实验如此令人激动。书中刻意使用了最少的符号语言，并且仅出现了几个简单的数学表达式，也不包含任何真正的计算过程。我认为数学上的技术细节不该成为任何对科学感兴趣的读者阅读这本粒子物理学概述的阻碍。最后，书后附有详尽的术语表，读者可以利用它查询不熟悉的术语的含义。

在筹备本书的过程中，我得到了"新科学素养"系列编辑玛莎·菲永（Marsha Fillion）以及 Oneworld Publications 的编辑罗宾·丹尼斯（Robin Dennis）的宝贵建议和支持。我也要感谢伦敦大学学院（University College London）的泰吉德·琼斯（Tegid Jones）和伦敦玛丽王后大学（Queen Mary University of London）的彼得·卡尔马斯（Peter Kalmus）对早期书稿的阅读和指正。书中存在的任何遗留的错误及晦涩难懂之处，皆是我自己的疏漏。

前　言　走进粒子物理学的世界

PARTICLE PHYSICS

第 1 章

粒子与力

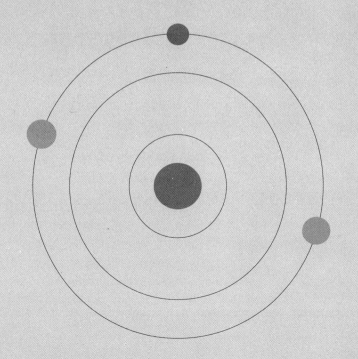

　　我们都很熟悉的宏观物质构成了包括你我在内的所有日常物体，我们每天也能体验到四种基本相互作用之一的引力对宏观物质的作用。我们之所以能意识到引力的存在，是因为它让我们的双脚牢牢地踩在地面上，并确保我们每天清晨醒来都能看到太阳升起。宏观物质由分子组成，分子则由各种化学元素构成，而"元素"（element）一词在现代语境中指的是不能通过化学手段分解成更小构成单位的物质。

　　宇宙中最常见的元素是氢和氦，它们是宇宙在名为"大爆炸"（Big Bang）的事件中诞生后残留下来的。大爆炸发生时，物质处于极端的密度和温度条件下，宇宙从一块非常小的空间开始迅速膨胀。我们如今看到的比氢和氦更重的元素大多是在恒星内部后来合成的。这种被称为核聚变的过程始于氢和氦等较轻的元素，核聚变为包括太阳在内的恒星提供能量。

　　下一页的专栏中解释了"轻""重"等对物体重量的描述与质量

之间的区别。之后，这些重元素通过罕见而壮观的超新星爆发分散至整个宇宙。超新星爆发时，恒星在短短几秒的时间内经历毁灭性的坍缩并将自身大部分物质喷向宇宙空间。让很多人难以相信的事实是，构成我们身体的物质曾经是遥远年代恒星的一部分。

质量和重量

尽管"质量"和"重量"两个词经常被混用，但它们并不是一回事。质量是对"一个物体有多少"的测量，无论该物体在宇宙中的什么位置，结果都应是相同的。一个物体的质量决定了它在力的作用下如何运动。重量则是引力作用在一个物体上产生的力。一个特定质量的物体在月球表面的重量要比在地球表面轻：原因是地球的质量比月球大得多，地球对这个物体产生的引力自然也要大得多。在地球表面，重量相当精确地与质量成比例，因此我们在某些情形下可以说某个物体的重量是1千克，尽管千克实际上是一个质量单位。

你或许对俄国化学家德米特里·门捷列夫（Dmitri Mendeleev）在1869年构造的元素周期表（periodic table of the chemical elements）的现代形式很熟悉。门捷列夫的原始表格旨在展现元素性质中反复出现的趋势，这也是周期一词的由来。随着时间的推移和新元素不断被发现，元素周期表得到扩充和完善。如今的元素周期表包含94

种天然存在的元素：其中一些元素十分常见，例如氧和碳，是生命不可或缺的组成部分；另外一些元素则在日常生活中很少见。元素周期表中甚至包括一些极为罕见的不稳定元素，例如钋和钫，由于它们在自然界中的含量太低而无法被准确测量，其丰度尚不确定。

分子由各种元素的原子按单一特定的比例组成，通过电磁相互作用结合成一体。电磁相互作用是我们从电流和磁体的表现中发现的引力之外的第二种基本相互作用。我们遵循古希腊人的传统，沿用原子一词描述元素的最小单位。一方面，物质的原子模型优雅地解释了许多在早期化学实验中观察到的现象；另一方面，20 世纪到来时，许多元素的原子质量和大小都得到了测量。原子小得不可思议。举个例子，你现在看到的字母"i"上的这个小点直径约为 10^{-5} 米，包含大约 10^{11} 个碳原子。下方的专栏中介绍了数的表示方法——科学记数法。如果想用眼睛直接看到当中单独的原子，这个小点需要被放大至直径 100 米以上。原子的质量也非常小：最重的原子大约有 5×10^{-25} 千克，而最轻的原子质量不足前者的 1%。你现在正阅读的本书中有至少 10^{26} 个原子，这个数大得令人难以想象。

科学记数法

粒子物理学相关测量中常常出现极大或极小的数。为了避免写下一长串 0，我们用科学记数法表达这些数：将它们写作 1 至 9 之间的十进制数乘以 10^n。这里的 10^n

代表 1 后面跟着 n 个 0，10^{-n} 则是 1 除以 10^n 得到的结果。例如，1.2×10^3 等于 1 200，而 1.2×10^{-3} 则等于 0.001 2。

原子是可分的

整个 19 世纪，原子一直被看作物质存在的最基本的实体。它被认为是稳定且不可分割的。然而，19 世纪最后几年间得到的两个经典实验结果证明了这种观点是错误的。

第一项证据来自法国物理学家亨利·贝可勒尔（Henri Becquerel）。1896 年，贝可勒尔事先用遮光纸裹住了感光板并在感光板与铀矿石之间放置了一张金属片，结果感光板在铀矿石的辐射下显现出雾蒙蒙的影像。贝可勒尔意外发现了放射性（radioactivity），这是一种原子自发衰变并在衰变（decay）过程中释放其他粒子的现象。令感光板显像的正是这些新的粒子。要注意的是，"衰变"一词在物理学中并没有负面含义，它只是意味着一个不稳定的系统转变为另一个能量较低、更加稳定的系统。

放射性存在三种不同的类型，其中一种是由弱相互作用引起的 β 衰变，也是本书目前为止出现的第三种基本相互作用。β 衰变中的弱相互作用内秉强度介于引力和电磁力之间，通常是电磁力的千分之一。尽管我们无法在日常生活中直接感受到弱相互作用的效应，但是它控制着太阳内部氢消耗的速率，从而决定着有多少热量和光线到达地球。弱相互作用限制着地球可以维持生命存续的时长。

β衰变中会释放被称为"中微子"（neutrino）的粒子。中微子不带电，仅通过弱相互作用和引力与物质发生相互作用，因此能够不受阻碍地穿行数百万千米，这使得它极难被探测到。早在1930年，科学家就在理论上预言了中微子的存在，但25年后这一预言才得到确认。证实中微子具有质量又花费了50年：其质量即使在粒子质量的尺度上也极其微小。我们至今仍未确定中微子质量的精确值，物理学家预测它的质量不到最轻的原子质量的十亿分之一。

部分中微子是大爆炸的残留物，另一些则是在超新星爆发中产生的，不过在地球上探测到的绝大多数中微子都来自太阳的热核反应。每秒约有$10^{13} \sim 10^{14}$个来自太阳的中微子穿过我们的身体，这些中微子几乎不发生相互作用，也不会对我们造成伤害。地壳中的放射性岩石所释放的中微子数量要少得多。我们自己体内微量放射性原子的衰变也会释放数千个中微子。

一些不稳定原子衰变成其他原子时也会发出伽马射线。伽马射线是电磁辐射谱的一部分，是传播电磁能量的波。英国物理学家詹姆斯·克拉克·麦克斯韦（James Clerk Maxwell）预言了电磁辐射的存在，他于19世纪构建出一个可以同时描述电和磁的统一理论。可见光、X射线、无线电波和微波是我们最熟悉的几种电磁辐射形式。表面上，这些不同类型的辐射差别很大。它们具有不同的物理性质：我们能够看到可见光，但 X 射线则可能会令我们的视力受损。这是由两者不同的波长和能量决定的。不过，看似五花八门的电磁辐射全都是由光子（photon）这种零质量、不带电的粒子形成的。我们的宇宙沐浴在近乎均匀的低能微波背景辐射中，这也是宇宙诞生之初发生的爆炸的余晖。这一发现为大爆炸理论提供了有力的证据。

第二项证据来自英国物理学家约瑟夫·约翰·汤姆逊（J. J. Thomson）进行的有关阴极射线的研究。将密封玻璃管内的大部分空气抽出，再给管的两个端子接上较高的电压，就能观察到阴极射线。你也许记得，在液晶显示器和平板电视发明前，阴极射线技术曾被用在电视机上。显像管中，阴极发射的电子被导向一块玻璃屏，屏上镀着的化学物质在受到辐射时会产生彩色的光，呈现出观看者所见的图像。汤姆逊对阴极射线管进行的其中一个实验显示，辐射由带一个负电荷的粒子——电子（electron）形成。在测量电子的质量时，汤姆逊发现它小得惊人：大约 2 000 个电子的质量才与一个氢原子相当。如今，人们普遍认为，汤姆逊发现电子标志着粒子物理学的开端。

后来的实验证实，电子还有两个重得多的"姊妹粒子"：质量分别约为电子的 200 倍及 3 500 倍的 μ 子（渺子）和 τ 子（陶子）。电子、μ 子、τ 子和中微子一同构成了名为轻子（lepton）的粒子家族。"leptons"意为"纤细"，源自希腊语。与电子不同，μ 子和 τ 子并不稳定，会通过弱相互作用自发衰变。μ子和τ子对日常生活毫无影响，至于它们为何出现在自然界则是一个谜。

原子和原子核内部

根据定义，稳定的原子呈电中性，即净电荷为 0。汤姆逊发现电子，暗示着原子内部必须存在与电子所带负电荷量恰好相等的正电荷。20 世纪早期，欧内斯特·卢瑟福（Ernest Rutherford）领导了一系列研究电荷这种存在形式的实验。出生于新西兰的卢瑟福当时在英国工作，这位杰出的科学家对精巧复杂的理论十分排斥。与预期相反，卢瑟福在实验中发现原子所带的全部正电荷以及它的绝大部分质量都集中在原子中心的一小块区域内，用他的话说，"就像阿尔伯特音乐厅里的一个小飞虫一样"。这个小飞虫就是原子核（atomic nucleu），它较之原子尺寸有多小，可通过如下事实看出：前文提到的字母"i"上的小点至少要被放大到直径 5 000 千米，我们才能用肉眼直接看到当中的原子核。

受卢瑟福的实验启发，丹麦理论物理学家尼尔斯·玻尔（Niels Bohr）构建出了一种原子的"行星"模型。在这个模型中，原子核相当于"太阳"，电子则相当于"行星"，电子在很远的距离上围绕原子核运行。与太阳系中被引力束缚在各自轨道上的行星不同，在原子中是电磁力约束着电子。尽管这种类比经常被用到，但它在细节上并不准确：太阳直径与地球绕太阳公转轨道直径之比是原子核直径与原子直径之比的 100 倍。也就是说，原子中空旷之处的占比要比太阳系内大得多。

玻尔借助新兴的量子理论思想构建了他的原子模型。玻尔原子模型能够解释原子为什么是稳定的。这一点很重要，因为量子物理学和经典物理学都要求在圆形轨道中运动的带电粒子不断以辐射的形式发出电磁能量，在这个过程中，带电粒子也在失去能量。如果这样的过程持续下去，电子运动的轨道半径会越来越小，最终失去全部能量并导致原子坍缩。当然，这一过程并不缓慢。例如，氢原子在这种情况下的寿命将不足 1 秒。而没有稳定的氢，就不会有我们所生活的宇宙。作为改进，玻尔假定电子在固定的轨道上绕原子核运动，只在由一个轨道跃迁至另一个轨道时才辐射能量。这样的跃迁成功地解释了为什么被加热的原子仅在某些特定的波长上发出电磁辐射，而不会形成连续的辐射谱。

玻尔构造他的原子模型时，原子物理学尚在襁褓之中，现代量子理论也不再认为电子以能够被明确定义的速度在确定的圆周轨道上围绕原子核运动。有关量子概念的介绍请参阅阿拉斯泰尔·雷（Alastair Rae）的《人人都该懂的量子力学》（*Quantum Physics：A Beginner's Guide*）[①]。尽管如此，在经过适当的修改后，玻尔原子模型

①　一本写给所有人的量子力学科普读物。该书中文简体版已由湛庐引进，由浙江教育出版社出版。——编者注

中尺寸极小的带正电荷的中心原子核和它周边围绕着的带负电荷的电子云仍然是我们理解原子结构乃至学习化学和生物学的必要基础。基于以上原因，我将继续在后文中使用电子轨道这种简单明了的说法。

最简单的原子是氢原子。在玻尔原子模型中，氢原子由原子核和围绕原子核运动的单个电子构成，原子核必须带有一个正电荷以保证原子整体上呈电中性。该模型中的原子核内包含一个"质子"。质子比电子重约 2 000 倍，等效半径约为 10^{-15} 米。为确保原子的电中性，科学家最初认为更重的元素仅是由不同数量的质子和围绕它们的等量电子所构成的。然而，在 1932 年，英国物理学家詹姆斯·查德威克（James Chadwick）发现了原子核的另一种组分。新发现的这种粒子被称为中子（neutron），它不带电，比质子重大约 0.1%。查德威克的发现并不出人意料。因为，卢瑟福早已推断出，原子核内一定包含质量与质子相似的电中性组分，他甚至起好了"中子"这个名字。质子和中子统称为核子（nucleon），它们是更广泛的一类粒子——重子（baryon）的成员。重子是当时已知最重的粒子，希腊语中"baryon"一词意为"重"。我们会在后面的章节提到其他重子。

中子的发现在了解原子核的过程中至关重要，其中也包括具有放射性的原子核。例如，在 β 衰变中，原子核中的核子（质子或中子）会相互转化。你或许觉得很奇怪，既然中子比质子重，质子为什么还能衰变成中子？能量守恒定律使这一过程看起来不可能实现。未结合在原子核中的自由质子确实无法做到这一点，但结合在原子核中的质子在某些情况下是可以转化为中子的。将原子核中的核子结合在一起的力可以给质子提供额外的能量，当最终形态的原子的总能量低于初始原子的总能量时，就会发生 β 衰变。这一结论同样适用于结合在原子核内的中子。此外，自由中子也总能衰变成质子。

通向夸克之路

20 世纪 40 年代晚期及 50 年代早期，更多的粒子被发现。其中一些粒子虽然与核子同属于重子家族，却具有出人意料的新特性。此外还有一些寿命极短的不稳定粒子被发现，它们的寿命仅有 10^{-23} 秒左右，比当时已知的任何粒子的寿命都短得多。

将这些非常不稳定的粒子与原子及原子核进行对比，有助于我们理解它们的特性。原子或原子核可能达到的能量最低的状态被称为基态（ground state），它们也能够通过吸收外界能量被激发至名为共振态（resonance state）的不稳定态，这种状态与小提琴琴弦的振动颇为相似。当原子平静下来回到基态时，此前吸收的能量以可见光等电磁辐射的形式释放出来。对小提琴而言，相应的能量表现为声音的形式。在实验中，那些被观察到的极短暂的状态正是核子与其他粒子的激发态。

这些新粒子的存在需要新理论来解释，仅仅是为了理解它们复杂的产生和衰变规律，人们就用了 10 年。而在 1961 年，理论物理学家发现这些粒子的基态和共振态全都可以被理解成是由一团更小的粒子所组成的，这些更小的粒子被美国物理学家默里·盖尔曼（Murray Gell-Mann）命名为夸克（quark）。强相互作用将这些夸克结合在一起，它的强度通常是电磁相互作用的 40 倍，也是目前我们知道的最后一种基本相互作用。

夸克在当时被当作构建数学模型的一种便利手段，只有少数物理学家相信它们是真实存在的粒子。一个原因是，包括核子在内，人们观测到的粒子的电荷量均为电子所带电荷的整数倍，而电子所带电荷长期以来被认为是电荷量的基本单位。另一个原因是，如果核子和其他粒子是由夸克组成的，依据夸克模型，夸克所带电荷量就不能是电子所带电荷的整数倍：其预测值分别为电子电荷量的 1/3 和 −2/3。此外，那时人们还从未发现过电荷量不是整数的粒子。

这些疑虑直到 20 世纪 60 年代后期才被打消，当时的研究者进行了一系列与卢瑟福所做过的实验相似的研究，以探索核子的内部结构。这些实验证实了质子的确由三个性质与假想中的夸克相一致的组分构成。实验还确定了即使夸克具有尺度，也最多只有核子大小的千分之一，不大于 10^{-18} 米。回到字母"i"上的小点，它至少需要被放大到直径 1 000 万千米，我们才有可能用眼睛看到强子（hadron）中单独的夸克。不过，迄今为止所有从核子或其他粒子中释放单个夸克的尝试都失败了。这和原子物理学与核物理学中的情况都不同。在原子物理学中，电子可以从原子中被轻易除去，而在核物理学中，原子核可以被分开以得到组成它的质子和中子。

　　想要理解核子的结构，只需要两种不同类型的夸克：以"u"表示的上夸克和以"d"表示的下夸克。下夸克比上夸克略重。β衰变如今被理解为这些结合在原子核中的夸克彼此间的转换。后续实验中产生了一些需要用第三种夸克来解释的新的不稳定粒子，随后理论又推测存在另外3种不稳定的夸克。在那之后，6种夸克的存在全部在实验中被证实了。像μ子和τ子一样，除上夸克、下夸克之外的4种夸克似乎对日常生活并没有影响。据推测，它们是在大爆炸中产生的，之后通过弱相互作用迅速衰变，不再像电子和上夸克、下夸克那样存在于自然界中。夸克如今在解释粒子物理学现象时扮演着重要的角色。

力和场

　　在前文中我们提到，原子由一个极小的原子核和它周围更小的电子组成。如果这就是原子的全貌，一个原子中的绝大部分空间都将空无一物，这意味着由原子组成的我们也几乎空空如也。按这个逻辑，墙壁也没有任何不同——没什么能阻止我们穿过一面墙！显然这样的推测有些不太对劲，而答案就藏在粒子间的相互作用中。

人造卫星在太空中环绕地球运动，但它被地球、月球、太阳乃至更遥远的天体所施加的引力束缚着。用物理学家的话来说，这些物体的引力场"渗透"了它们与人造卫星之间的空间。场（field）这一简略的说法实质上是指将某种物理性质关联至一块区域中的空间和时间点。例如，展现一天中不同时间风速的交互式气象图就代表着一个场，风速则是与其相关的物理性质场强。我们将场本身存储的能量称为势能（potential energy），因为它有转化为其他形式能量的潜在可能，例如与运动有关的能量——动能。

相应地，原子中的自由空间渗透着带电粒子所生成的电磁场。正是这些场令我们无法穿过墙壁，尽管我们几乎是"空的"。在原子中，原子核之外不存在其他显著的场：电子不参与强相互作用，因此不存在强相互作用场；而弱相互作用和引力的效应比电磁相互作用微弱得多，可以忽略不计。原子中的引力只有电磁相互作用强度的 $1/10^{40}$。

在原子中，原子核与电子通过彼此间不断交换光子传播电磁力。光子是电磁相互作用的载力子（force carrier），这很像是两个人通过传递一个球来相互"沟通"。如果这个球非常轻，人们就可以把它传得很远；但随着球质量增加，它能够被传递的距离会缩短。同样的道理也适用于粒子：被交换的粒子越重，力的"程"就越短。也就是说，力程与被交换的粒子质量成反比。因为光子的质量为 0，所以电磁力的力程是无限的。

这样的交换也发生在原子核中的各个质子之间。遵循电荷间"同性相斥，异性相吸"的规律，质子间的这种交换会很快使原子核分崩离析，因此一定存在一种吸引力与之相平衡。这种吸引力是强核力，它对质子和中子而言是相同的，并且与粒子所带电荷量无关。原子核中的中子会增加原子核质量并提高结合力，且在大多数情况下并不会降低原子核的稳定性。强核力与电磁力之间的平衡还决定了铀原子的原子核为什么是天然存在的最重的原子核（它最常见的形态包含 92 个质子和 146 个中子）。参与强相互作用的粒子，诸如核子及 20 世纪 40 年代至 50 年代发现的寿命短暂的共振态，被统称为强子，hadron（强子）一词源自意为"厚"的希腊语单词。

在强子内部，夸克间的弱相互作用和强相互作用也会生成场，并带有相应的载力子。弱相互作用中有三种这样的载力子：带电的 W^+ 和 W^- 粒子（前者带正电荷，后者带负电荷）以及不带电的 Z^0 粒子。与光子不同，这三种粒子非常重，质量是质子的 $80 \sim 90$ 倍。这使得弱相互作用的力程非常短，仅有约 10^{-18} 米。1983 年，实验证实了 $W^\pm$ 和 Z^0 粒子的存在。强相互作用中的载力子有 8 种，全都不带电，这些被称为胶子（gluon）的粒子因其将夸克"黏"在一起形成强子而得名。胶子不具备质量，因此强相互作用的力程是无限的，与另一种基本相互作用电磁力相似。强相互作用的理论解释了为什么夸克和胶子无法以自由粒子的形式被观测到，因为夸克被永久地束缚在了强子之中。

乍看之下，我们似乎得到了两种强相互作用，但事实并非如此。存在于核子以及其他强子间的强核力是构成它们的夸克之间更为基本的强相互作用的累积效应，就好比原子之间的电磁力实质上是原子内的带电粒子，也就是电子和质子间的更基本的电磁力的累积效应。正如原子之间的电磁力比基本电磁力的力程短一样，强核力也比夸克间基本强相互作用的力程要短。强核力的力程约为 10^{-15} 米，比弱相互作用的力程长得多。

中子为什么能够通过弱相互作用衰变？要知道，其中涉及的 W 粒子质量是中子自身质量的 80 倍。这违背了日常生活中的规律，好比有一辆总重 1 吨的卡车打开车门卸下了重达 80 吨的货物！然而，在量子物理学的世界中，我们往往不能盲目地依赖常识。量子物理学中有个被称为不确定性原理（uncertainty principle）的重要限制，最早由德国物理学家维尔纳·海森堡（Werner Heisenberg）提出。根据这一原理，能量守恒定律可以在一段有限的时间内被打破。随着违反能量守恒定律的能量增加，"借出"的能量必须被"归还"的时限会相应降低。不确定性原理是弱相互作用的力程如此之短的"罪魁祸首"，因为它决定了一个 W 粒子在必须被另一个粒子吸收前可以移动的最大距离，这将"抵消"之前不守恒的能量并确保整体的能量守恒。

各种相互作用伴随着各自特征性的相互作用时间。例如，质子的半径约为 10^{-15} 米。一个以光速（3×10^8 米／秒）运动的粒子横穿

质子需要大约 10^{-23} 秒。如果这个粒子也是强子，受到强核力的影响，它会在这段时间内与质子发生相互作用。再比如，一个在强核力影响下衰变的不稳定粒子的寿命应当在 10^{-23} 秒的量级，与强子共振态相仿。与此类似，如果一个粒子通过电磁相互作用衰变，它的寿命通常为 $10^{-21} \sim 10^{-15}$ 秒，在弱相互作用下衰变的粒子寿命则为 $10^{-14} \sim 10^{-7}$ 秒。不过，这些只是粗略的估计，现实中还有其他因素，尤其是衰变过程中释放能量的多少，会显著改变实际粒子寿命。释放能量较少的衰变受到更多抑制，与之相关的粒子寿命会更长。其中一个例子是只比质子重 0.1% 的中子，一个自由中子能够通过弱相互作用衰变为一个质子、一个电子和一个中微子。因为中子与其衰变产物间的质量差非常小，所以它的寿命是以分钟计的，而不像其他参与弱相互作用的粒子寿命通常仅为几分之一秒。

过去、现在和未来

从最初认为原子是不可分割的粒子这一想法开始，我们已经走了很远：先是发现了电子，而后是原子核和组成它的核子。我们现在知道，核子只是强子这类粒子中的一种，它本身由更小的夸克组成。与原子核中的核子不同，夸克被永久地束缚在强子内部，无法以自由粒子的形态被观测到。除了夸克，还存在其他两族粒子：不参与强相互作用的轻子，以及载力子。图 1-1 总结了这种现代粒子观。

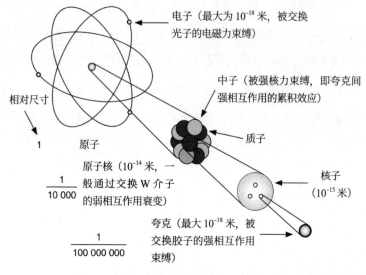

图 1-1　从原子到夸克的过渡

标准模型是我们目前拥有的描述基本粒子的最佳理论。奇怪的是，尽管标准模型是物理学历史上最为成功的理论，但它至今仍被称为一个模型，而不是理论。当前的标准模型实际上由两个理论组成：其中一个理论描述强相互作用；另一个理论描述电磁力和弱相互作用。就像麦克斯韦在 19 世纪对电磁理论进行的统一，电磁相互作用和弱相互作用通过类似的方式得到了统一。

标准模型旨在以轻子、夸克以及载力子这三族粒子的性质和相互作用解释粒子物理学中引力效应以外的全部现象。引力的效应过于微弱，在如今的粒子物理学能标上不起到作用。除此之外，至少还需要另一种"希格斯粒子"以解释质量的起源（origin of mass）。

如果没有这种粒子，标准模型中所有粒子的预测质量都将为 0，这明显与实验观测到的结果相悖。如今，标准模型中的粒子被称为构成物质的基本粒子，这意味着它们是点状的，且不存在内部结构。表 1-1 列出了标准模型中的各种粒子以及它们参与的相互作用。

表 1-1　标准模型中的粒子以及它们参与的相互作用

粒子类型	受到的力	传播的力
带电轻子	引力、弱力、电磁力	
电中性轻子	引力、弱力	
夸克	引力、弱力、电磁力、强力	
光子	引力	电磁力
W 粒子	引力、弱力、电磁力	弱力
Z 粒子	引力、弱力	弱力
胶子	引力、强力	强力
希格斯粒子	引力、弱力	

除了标准模型中的粒子，粒子物理学家也研究由夸克组成的强子。这类复合态有数百种，核子也是其中之一。强子出现在两个粒子相撞的时候，如果发生碰撞的粒子能量足够大，这份能量就能够转化为质量，形成新粒子。$E=mc^2$ 这个著名的公式阐明了质量 m 与能量 E 之间的等效性，这里的"汇率"是真空中的光速 c 的平方。由于在自然界中无法观测到自由夸克，物理学家被迫借助对强子的研究间接推断夸克的性质，类似于之前通过研究原子核的性质推测核子的性质。由于原子核是核子的束缚态，而核子是夸克的束缚态，理论上应当可以从夸克和夸克间的相互作用中推导出原子核的性质。截至目前，我们发现这超出了现代计算技术力所能及的范畴。就好比我们本该能基于人体基本生化反应的知识预测所有的人类行为，

尽管这种预测在理论上或许可能实现，但在实践中离我们还非常遥远。

标准模型对不同领域内各种现象的成功解释给人留下了深刻印象，尽管存在着一些有趣的线索，但它为何具备如今这样的结构则是个尚未解决的问题。例如，在目前可以达到的能标上，三种与标准模型有关的相互作用——强相互作用、弱相互作用以及电磁相互作用——或许是同一种具有单一强度的相互作用的不同表现。眼下，我们在这三种相互作用之间观测到的明显区别则是大爆炸当时那个具有超高能标并且更为对称的宇宙残留下的印记。在那时，不同类型的夸克和轻子并非一成不变，而是能够相互转化。

唯一确定的是，标准模型绝非一切的终结。它既没有解释为什么各种力以及粒子的质量是如今的数值，也没有对引力进行任何描述。宇宙学中也有强有力的证据表明，存在着标准模型以外的质量和能量来源。在大爆炸的理论框架中，宇宙的命运，即宇宙是否会继续膨胀、膨胀是否会在某一时刻停止，乃至宇宙在未来是否有可能收缩，都取决于宇宙的平均密度，因为平均密度决定了宇宙中引力的效应。重子所有已知的形态只构成了宇宙中物质的一小部分，约为15%。科学家被迫得出宇宙中多达85%的物质都并非由重子构成这一结论。这些"缺失"的物质统称为暗物质（dark matter）。更惊人的是，宇宙中多达80%的能量具有完全未知的起源，这部分能量被称为暗能量（dark energy）。对粒子物理学更普遍的统一理论的追寻仍在继续。

　　这些扩展理论的主要问题之一是它们所适用的能标远超我们目前可以达到的水平。例如，尽管标准模型中假定基本粒子不存在结构，并且这一结论得到了实验结果的支持，但许多物理学家仍相信如果对距离的测量精度能够达到 10^{-35} 米（是的，小数点后有 35 个 0！）这一极小的尺度，我们将发现基本粒子存在结构。令人失望的是，我们很难想象这一问题要如何通过实验来探究，因为这意味着实验生成的粒子需要与存在于大爆炸瞬间的那些粒子能量相当。不过，眼下粒子物理学家探究物质结构的能标已经接近大爆炸后 10^{-9} 秒时的能量。这些实验将揭示宇宙最初的状态，使科学家得以构建有关宇宙诞生和演化的故事。或许到那时，我们能够对"物质是什么"的问题给出一个确切的答案。

PARTICLE PHYSICS

第 2 章

理论与实验

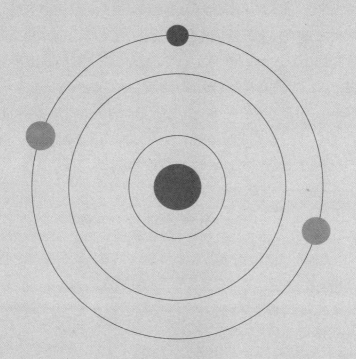

发现所铺就的从来不是一条直通真理的大道，其过程本身往往也不是一蹴而就的。科学史上向来不缺少先于各种发现的主张，但仅观测到一种新的现象或是得出一个新的想法还远远不够。在此基础之上，不仅发现的重要性需要得到认可，对它的理论解释也必须令人信服。相关理论要能够给出其他可以被实验所检验的预测。这种理论与实验的相互影响正是科学研究方法的精髓。本章中，我将在探索能量与距离之间的关系以及自旋和反粒子概念的过程中阐释这一点。理论不仅需要对数据做出解释，也必须在数学上准确无误。基于此，我们也将对量子场论（quantum field theory）和费曼图进行简短的讨论：量子场论在粒子物理学中起着至关重要的作用，而费曼图则是对量子场论的一种非常实用的图形表达。

原子核的发现

在原子核被发现之前，人们广泛接受的原子图像是汤姆逊在发现电子后描绘的。在汤姆逊这个"葡萄干蛋糕"般的原子模型中，电子镶嵌在填满了整个原子的带正电的区域中。模型中的电子好比葡萄干，而弥散的正电荷则是松软的蛋糕。

为测试这一模型，卢瑟福决定用粒子作为"炮弹"，将其从靶原子上反弹（散射），从而直接探测原子的结构。在卢瑟福的主导下，新西兰人欧内斯特·马斯登（Ernest Marsden）和德国人汉斯·盖格（Hans Geiger）进行了一系列涉及放射性衰变的突破性实验。当时已经知道，在一些放射性衰变中会释放出一种带正电的大质量粒子，其质量约为质子的4倍。卢瑟福将这种粒子命名为阿尔法粒子（alpha particles，α），并使用它们作为"炮弹"轰击靶原子。实验选择的对象是金箔中的金原子。

卢瑟福团队所使用的仪器值得我们细看，因为它是粒子物理学后来所有散射实验的原型，见图2-1（a）。仪器主要的组成部分有：一个台式计算机大小的圆柱体金属盒（散射室）和其内部的阿尔法粒子源；作为靶的金箔；一个装有硫化锌屏幕的显微镜。为了最大限度降低阿尔法粒子与空气中气体分子之间的相互作用，需要排出金属盒内的绝大部分空气。金属盒和显微镜被固定在一个平台上，可以围绕位置固定的金箔和放射性源旋转。阿尔法粒子在经过一个狭缝后形成一束，被导向金箔。通过旋转显微镜，操作者能够在屏幕上观测到被散射的阿尔法粒子的分布，也就是被金箔偏转至不同角度的阿尔法粒子的数量。硫化锌屏幕像阴极射线显像管一样，在被散射出的粒子击中时会闪烁光芒，见图2-1（b）。仪器仅由一人操作，操作者必须在实验开始前令双眼习惯黑暗，才能在实验中发现屏幕上非常微弱的闪光并对其进行计数。现代粒子物理学实验中使用的仪器庞大而复杂，它们的体积像建筑物一样，需要数百甚至数千位物理学家、工程师、计算机科学家和技师合力建造并维持运行。这种急剧膨胀的尺度是为了研究越来越小的物体所付出的代价。

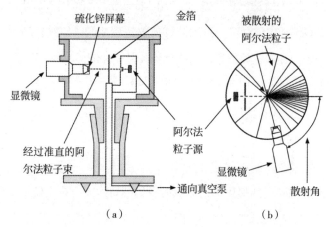

图2-1　盖格和马斯登实验中用到的仪器示意图

注：（a）仪器纵截面；（b）散射室横截面，图中展示了被散射的阿尔法粒子。

在汤姆逊模型的理论框架下，阿尔法粒子受到电子影响的偏转应当小到可以忽略不计，因为阿尔法粒子的质量是电子质量的约8 000倍。这好比将一颗非常重的球，扔向另一颗轻得多的球；如果将健身房使用的实心球扔向一颗网球，实心球的方向不会因撞击网球而改变多少。同样的道理，阿尔法粒子受到金原子中正电荷的影响所出现的偏转预计会非常小，因为汤姆逊模型中的正电荷分布在整个原子中，等同于受到了稀释。

然而，在散射阿尔法粒子的实验中，盖格和马斯登观察到的却不是这样。尽管大部分阿尔法粒子的偏转角非常小，但也有一小部分阿尔法粒子的偏转角非常大，其中一些几乎是反方向弹回。卢瑟福将这描述为"几乎像对着一张卫生纸发射15英寸（约38.1厘米）的炮弹，然后被它弹回来打中一样不可思议"。他认为实验的结果表明，原子中的正电荷和原子的大部分质量全都集中在中心一块非常小的区域。这一发现为玻尔原子模型和原子物理学的诞生开辟了道路。

卢瑟福和他的同事为检验模型设计的实验，得到了出乎意料的结果，他们基于这些结果构建出一个新的原子模型。模型带有可以被检验的预言，随后该预言也得到了确认。要想研究一个物体的结构，需要用到比它更小的探针。为什么阿尔法粒子是适合探索原子结构的探针呢？正如我们无法用手指探索一颗沙砾的结构，光学显微镜也无法被用来研究任何尺寸比可见光的波长（通常在 10^{-6} 米左右）更小的物体。光学显微镜可以用来研究单细胞生物等"生物样本"，而不是原子。为了对汤姆逊模型进行测试，科学家必须找到一种波长远小于 10^{-10} 米的探针，因为这是原子的尺寸。

阿尔法粒子之所以满足被当作探针的条件，是基于波粒二象性（wave-particle duality）这一后来出现在量子理论中的粒子的基本特性。所有粒子都具备波的性质，与此类似，所有波也都具备粒子的性质。波粒二象性对所有物体都成立，包括你我这样的宏观物体，但它只在物质的量子层面才有显著效应。在第1章中，我将电磁波称为光子，暗示过这一特性。波粒二象性的一个明显证据是一束通常被看作粒子的电子在穿过晶体时会改变方向。这种被称为衍射（diffraction）的现象在光学中很常见，通常与光作为波的性质有关。

在量子理论中，粒子的动量（其质量与速度的乘积）和相应的波的波长之间存在着非常简洁的关系。波长与动量成反比，动量加倍意味着波长减半。寻找一个波长足够短的探针等同于寻找一种动量足够大的粒子，这也意味着能量要足够高。我们可以通过 $E = 10^{-6}/\lambda$ 进行近似的计算，这里的希腊字母 λ 是以米为单位的波长，而 E 是以电子伏特为单位的能量（能量使用的单位参见下方的专栏）。比如，若想探索 10^{-12} 米的尺度，需要能量约为 100 万电子伏特的探针。放射性衰变中释放的阿尔法粒子的能量恰好处在这个范围。

粒子物理学中的单位

在科学研究中，为了进行有意义的定量对比，我们需要保证被比较的物理量以相同的单位表示，且这些单位的大小适合于当前的目的。以能量为例，营养学家用卡路里为单位衡量能量，而电力公司则使用千瓦时衡量能量。两者都与焦耳（J）有关，这是国际单位制中的能量单位。粒子物理学中用来衡量能量的单位是电子伏特（eV），指一个带有单位电荷的电子经过 1 伏特的电压加速后所获得的能量。通过 $E = mc^2$，我们可以用 eV/c^2 作为单位表示粒子的质量，以 eV/c 为单位表示粒子的动量，这里的 $1\ eV/c^2$ 等于 1.78×10^{-36} 千克，是非常小的质量。由于电子伏特的单位非常小，常用的还有千电子伏特（keV，$1\ keV = 10^3\ eV$），兆电子伏特（MeV，$1\ MeV = 10^6\ eV$），吉电子伏特（GeV，$1\ GeV = 10^9\ eV$）以及太电子伏特（TeV，$1\ TeV = 10^{12}\ eV$）。

光子和中微子

光子存在的最早线索源自 1900 年马克斯·普朗克关于黑体辐射的工作，黑体辐射是物体被加热时放出的辐射。根据电磁辐射的经典描述，会得到"被加热的物体辐射的总功率是无限的"这样荒谬的结论，这显然无法解释实验结果。普朗克解决了这一问题，他假设发出辐射的宏观物体由大量微观振子组成，每个振子以 0 到无穷大之间的某个频率振动。现在我们知道这些振子实际上是原子或分子。这些频率只能取特定的值，也就是说它们是量子化的，这意味振子放出的电磁辐射所携带的能量也是量子化的。普朗克声称，他这一激进的推断几乎是出于绝望，因为针对其他所有解释的尝试都失败了！

普朗克认为量子化是辐射过程造成的，但爱因斯坦很快证明了它是电磁辐射的内禀特性，并不局限于受热物体的辐射。例如，爱因斯坦发现量子化可以解释之前的一些实验现象，如金属表面受到电磁辐射轰击而释放电子时观察到的一些令人费解的性质。实验中用到的量子化的电磁能量包就是光子（photon，详细介绍见下页专栏）。在一些原子核衰变的过程中出现的伽马射线就是特定波长范围内的光子，电子跃迁时发出的 X 射线也一样。图 2-2 展示了一系列电磁波波长和相应的能量所对应的以赫兹（Hz）为单位的频率，1 赫兹的表示每秒振动 1 次。

图 2-2 中还标出了以开尔文（K）为单位的等效温度（effective temperature）。一般情况下，室温在 293 开尔文左右，摄氏温度的数值约等于开尔文温度减去 273。

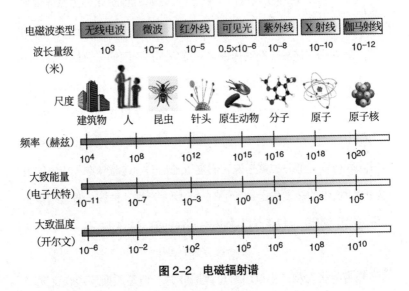

图 2-2　电磁辐射谱

等效温度是特定能量或特定波长的辐射体最有可能出现的温度：辐射体越热，能量就越高，发出的辐射波长也越短。

光子

光子以希腊字母 γ 表示，是一种零质量、不带电的粒子。光子的能量由公式 $E = hv$ 给出，这里的 $v = c/\lambda$ 是基于波粒二象性与光子对应的波的频率，h 则是普朗克常数，它的数值非常小（$h = 4 \times 10^{-24}\,\text{GeV} \cdot \text{s}$）。$\dfrac{h}{2\pi}$ 的组合在量子理论中也经常出现，以符号 $\hbar$ 表示，其中大家都很熟悉的 π 的值约为 3.14。

温度在考虑大量给定平均能量的光子时很有用。例如，在大爆炸发生后约 10^{-9} 秒，粒子能量处于 TeV 量级，这是目前实验室中能达到的最高能量量级，对应着大于 10^{16} 开尔文的等效温度。大爆炸发生后约 10^{-6} 秒，等效温度降至约 10^{13} 开尔文，相应的能量在 GeV 量级，在这个时候，夸克形成核子。又过了 3 分钟，温度降至约 10^{10} 开尔文，相应的能量在 MeV 量级，此时，氦出现了。直到大爆炸发生 10 万年后，温度才降到几千开尔文，相应的能量在 eV 量级，这时终于形成了电中性的原子。

科学家在面对新观点时普遍包容而开明，即使其中一些想法乍看上去非常古怪。在一个观点被普遍接纳前，它需要得到实验结果的强有力支持，否则科学界很难被说服。爱因斯坦关于光子的假设就是个很好的例子：他在试图说服其他科学家的过程中碰了一鼻子灰，直到 1923 年美国物理学家阿瑟·康普顿（Arthur Compton）发现光在被粒子散射时的表现与质量为 0 的粒子完全相同。

奥地利理论物理学家沃尔夫冈·泡利（Wolfgang Pauli）在 1930 年提出了存在中微子的假设，他当时在为 β 衰变中能量看似不守恒的现象寻找一个解释。中微子这个名称意为"小中子"，由意大利物理学家恩里科·费米（Enrico Fermi）提出。在泡利提出中微子假说之前，β 衰变的过程一直被认为是由最初的"父"原子核衰变为最终的"子"原子核和一个电子。如果 β 衰变的产物只有"子"原子核和电子，那么它们所携带的动量必须大小相等、方向相反，才能保证动量守恒。同时，能量也必须守恒：尽管电子和"子"原子核由于质量不同，各自携带的能量会有所区别，但两者都应该有唯一确定的值。然而实验显示，β 衰变产生的电子能量处在一定范围内，并不是确定的，这看上去违背了能量守恒定律。

泡利通过假设 β 衰变的最终状态存在着第三种粒子，即中微子解决了这个问题。如此一来，β 衰变中释放的能量就能够以多种不同的方式在"子"原子核、电子以及中微子之间分布，电子的能量也会出现在 0 到某个最大值之间，这个最大值取决于初始状态和最终状态的两个原子核以及中微子的质量。事实上，β 衰变产生的电子的最大能量与初始和最终状态的两个原子核的质量之差关系非常密切，这意味着中微子的质量非常小。一旦实验中的不确定性被考虑进来，数据显示的中微子的质量事实上非常接近于 0 或等于 0，这点和光子很像。

起初，大多数物理学家都拒绝接受泡利的假说，玻尔甚至考虑放弃学界一向奉为圭臬的能量守恒定律，而不是接受中微子！直到1956 年，中微子的存在才得到证实。

自旋和反粒子

在前文中我们看到，基本粒子的电荷量影响着它们的性质。电荷量是一种量子数，它可以为 0。在量子理论中，一组完整的量子数定义了粒子的状态，并与粒子的质量一起决定了它的性质。量子数只能取一系列离散值。例如，强子所带的电荷量是电子电荷量的整数倍，夸克所带的电荷量则是电子电荷量 1/3 的倍数。量子数在粒子物理学中扮演着重要的角色，其中之一与角运动有关，如旋转着的陀螺由于其质量分布围绕旋转轴旋转而具有角动量。基本粒子，例如绕原子核运动的电子也可以拥有这种"轨道"角动量。此外，量子化的粒子还具有自旋角动量，也称为自旋（spin）。轨道角动量会依据粒子的运动方式不同而产生变化，但自旋属于粒子的内禀性质，即使粒子处于静止状态也不会消失。卢瑟福正是通过对原子自旋的分析推断出了中子的存在。尽管"旋转"一词在生活中也经常出现，如我们刚才提到的旋转的陀螺，但它在日常语境下代表的始终是轨道角动量。

自旋的概念最初是在 1924 年针对电子提出的，当时泡利在研究一些金属受到激发后的电磁辐射波谱。在那前后，泡利提出了重要的不相容原理（exclusion principle）。泡利不相容原理的最初版本指出，一个系统中不能有两个电子同时占据同一个量子态，从而拥有完全相同的一组量子数。泡利不相容原理是原子结构的核心。由于每一个电子都必须占据新的量子态，每种元素都是独特的，且具有不同的化学性质。具体到自旋（s），它可能的取值是 0, $\frac{1}{2}$, 1, $\frac{3}{2}$……以 $\hbar$ 为单位。每一种粒子的自旋值都是固定的：光子自旋为 1，而电子、中微子和核子自旋均为 $\frac{1}{2}$。

具有半整数自旋的粒子名为费米子（fermions），具有整数自旋的粒子则被称为玻色子（bosons）。玻色子由英国著名物理学家保罗·狄拉克（Paul Dirac）于 1946 年命名。尽管泡利不相容原理最初被提出时仅针对电子，但它适用于所有费米子。不过，泡利不相容原理对玻色子并不适用，因为费米子和玻色子这两类粒子在性质上有着本质的差异。量子理论还限制了对自旋的测量可能得到的值。比如，对电子自旋沿任意方向的分量进行测量会得到 $+\frac{1}{2}$ 或 $-\frac{1}{2}$ 的结果，这两种状态出现的概率相同，分别被称为自旋向上（spin up）和自旋向下（spin down）。自旋的值可以被加减，但总和不能为负。这样一来，由两个自旋为 $\frac{1}{2}$ 的粒子所组成的系统的总自旋可以是 0 或 1，而由三个这样的粒子所组成的系统的总自旋则会是 $\frac{1}{2}$ 或 $\frac{3}{2}$。

泡利之所以提出存在中微子的假设，是因为 β 衰变看起来不仅违反了能量守恒定律，还破坏了角动量守恒定律。没有中微子，一个自旋为 $\frac{1}{2}$ 的中子看上去似乎衰变成了自旋均为 $\frac{1}{2}$ 的一个质子和一个电子，赋予中微子 $\frac{1}{2}$ 的自旋解决了这当中的矛盾。

自旋的概念最早被提出是为了解释实验上的一些数据，它本身的起源不得而知。起初物理学家认为，类似电子的粒子可以被看作真的在绕其内部的旋转轴旋转，就像陀螺一样。尽管这样的经典物理学图像有时很有帮助，但它实际上与电子是点状粒子的观点并不相符。我们需要借助量子理论才能了解自旋是如何产生的，但这一理论在当时仅适用于运动速度与光速相比非常慢的粒子，即所谓"非相对论性"的情况。

很快，物理学家开始尝试扩展量子理论，使之与爱因斯坦的狭义相对论相容，从而适用于以任意速度运动的粒子。他们发现这十分困难。1928 年，狄拉克提出了描述相对论性电子运动的狄拉克方程，但方程在对粒子的能量进行预测时似乎存在着严重的问题。一方面，一个粒子的总能量是其基于质量的内禀能量与其动能之和。在相对论中，两者加在一起，使总能量 E 拥有两个大小相等但一正一负的值。另一方面，对任意给定的动量而言，狄拉克方程能够得出四个解。其中一组解对应着一个具有正能量的电子和其自旋投影两个可能的取值（$+\frac{1}{2}$ 或 $-\frac{1}{2}$），另一组则对应着一个具有负能量的电子及相应的两个自旋值。这样一来，自旋自然地出现在将量子理论与相对论结合的过程中。

狄拉克方程提供了一种检测自旋为 $\frac{1}{2}$ 的粒子是否确实是不存在结构的基本粒子的方法。学校里，学生利用磁铁学习磁性。条形磁铁两个磁极的强度与其间距离的乘积定义了它的磁矩（magnetic moment），洒在磁铁四周的铁屑的排布则展示着磁铁产生的磁场。量子物理学中的粒子也可以有磁矩：一个带有自旋的带电粒子（如电子）等效于微小的电流。像其他电流一样，它也会生成磁场。狄拉克依据他的方程对自旋为 $\frac{1}{2}$ 的点状带电粒子的磁矩进行了预测，实验测出的电子磁矩与预测值之间的差异小于万分之一，这样的结果为电子不存在内部结构提供了强有力的证据。另外，核子的磁矩不满足狄拉克方程，因此它没有被归为基本粒子。科学家后来发现，核子实际上是由夸克组成的。

狄拉克方程的其中两个解对应着总能量为负的电子，大部分科学家拒绝接受这样的负能量解，因为它们看上去毫无道理。没有什么能阻止原子中正能量的电子跃迁至能量越来越低的负能量状态，这将导致原子不稳定的灾难性结果。据说，尖刻的批评家泡利曾提出第二条泡利原理：理论也应当被用在其提出者身上，狄拉克应该立刻随着他荒谬的理论一同衰变！泡利还曾嘲讽另一位物理学家"年纪轻轻就如此默默无闻"。不过，狄拉克并没有因为这些负能量解看上去不切实际而灰心，他回应说："方程的美感远比迫使它们与实验结果相吻合更重要。假如某项工作与实验无法达成完全的共识，随着理论进一步发展，这种差异可能消失。"在狄拉克眼里，他的理论在数学上太过美妙，随着时间的流逝，一定会出现某种合理的解释。事实证明，他是正确的。

这个由狄拉克本人给出的解释很简单：自然界中所有负能量的状态都被电子占据着。狄拉克称之为充斥着负能量态的"海"。泡利不相容原理禁止涉及这些状态的跃迁，它们因此无法被观测到。狄拉克的解释虽然巧妙，但也带来了新的问题：如果其中一个处于负能量态的电子吸收了足够的能量，跃迁至正能量的状态，它在这片"海"中留下的"空穴"会有怎样的性质呢？失去了电子所带的负电荷和负能量的空穴将在各方面都表现得像一个带有正电荷和正能量的粒子，它如今被称为电子的反粒子（anti-particle）。狄拉克起初认为这样的状态应当被认作质子，他的想法遭到了玻尔和费米等其他著名科学家的强烈批评。这里用"批评"已经是相当友好的说法了。很快，包括美国理论物理学家罗伯特·奥本海默（Robert Oppenheimer）在内的一些科学家证明，新状态的质量必须与"普通"的电子完全相同，从而引出了存在一种新粒子的推测，即带正电荷的电子。奥本海默最为人熟知的成果是他领导的团队在第二次世界大战中造出了最早的核弹。

尽管存在一种带正电荷的电子基本上已经是板上钉钉的结论，但狄拉克直到1931年都极不情愿在公开发表的文章中承认这一点。

1932 年，美国物理学家卡尔·安德森（Carl Anderson）在其经典的实验中证明了这种粒子的存在，并将它命名为正电子（positron）。直到那时，狄拉克还倔强地声称安德森得到的结果可能是实验中的某种误差导致的。狄拉克的这份犹疑或许源于其科学生涯早期的不如意，他在晚年表示："希望总是伴着恐惧，而在科学研究中恐惧很容易占据主导地位。"狄拉克方程对反粒子存在的预言适用于所有费米子，奇怪的是，狄拉克在明确地预言反质子的存在上毫无顾虑。反质子是一种带负电荷的质子，1955 年在实验中被发现。自旋和反粒子的故事进一步说明了理论与实验之间的紧密联系。

在粒子物理学中，反粒子一般通过在代表粒子的符号上方加一条横杠表示。例如，p 是代表质子的符号，$\bar{p}$ 则代表反质子。但也有一些例外，比如电子和正电子分别写作 e^- 和 e^+，这里的上标代表着它们所带电荷的符号。粒子物理学中的符号大多具有历史渊源，并不总是完全合乎逻辑。

反粒子普遍存在于自然界，不局限于狄拉克方程所描述的费米子，包括玻色子在内的所有粒子都拥有相应的反粒子。有别于狄拉克最初提出的负能量态海的概念，现代粒子物理学理论赋予反粒子与粒子相同的地位，而不再仅将反粒子看作"缺失"的粒子。

他人眼中的狄拉克是个古怪且难以沟通的人，他曾提到"我与玻尔进行了长时间的交谈，其间几乎所有的话都是玻尔讲的。"但无论如何，狄拉克都是公认的 20 世纪物理学巨匠之一，他在 1933 年成为当时最年轻的获得诺贝尔奖的理论物理学家，这一称号保持了 24 年。

量子场论和费曼图

任何成功的粒子物理学理论都必须兼顾量子理论与狭义相对论这两个物理学中最重要的基础理论，且能够描述粒子间通过释放其他粒子，即标准模型中的载力子进行的相互作用。满足以上条件的理论被称为量子场论。

1927 年，狄拉克针对电子间的电磁相互作用构建出了粒子物理学中第一个相对完善的量子场论。根据这一理论，电子等带电粒子释放的光子所生成的电磁场能够被其他带电粒子"感应"到，从而产生相互作用。狄拉克在计算中假设，只有最简单的相互作用过程的贡献相对重要，较为复杂的过程则可以被忽略，这样的理论被称为微扰理论（perturbation theory）。例如，他假设就两个电子间的相互作用而言，交换单个光子的过程会比交换两个或更多光子的过程重要得多。

借助微扰理论，狄拉克得以对可观测量进行预测。在微扰理论中，越复杂的过程对相互作用的贡献越小，这在物理学中有广泛的应用。在电磁相互作用中使用微扰理论十分自然，因为电磁相互作用的强度由一个名为耦合常数（coupling constant）的不具备量纲的数字决定，以希腊字母 α（也称为精细结构常数）表示，其值约为 1/137。交换单个光子的相互作用过程发生的频率正比于 α，而每多交换一个光子，就要再乘上一个 α 因子，如（1/137）×（1/137），以此类推。这样一来，交换多个粒子的过程对相互作用的贡献理论上会比交换单个粒子的过程小得多。

然而，当这些高阶修正项真正被计算出来，物理学家发现它们一点儿也不小，竟然全都是无穷大！显然哪里出了问题。直到 20 世纪 40 年代，物理学家才找到一种解决方案：通过重整化（renormalisation）的手段消除这些令人头疼的无穷大，其中涉及借助测量值重新定义理论中电子的电荷和质量。这实际上等同于将两个无穷大的项相减，从而得到一个有限的差。这样的处理方式虽然听起来不是十分严谨，但它能够以一种在数学上正确的方式实现。

最常用的对微扰理论的重整化方法要归功于美国物理学家理查德·费曼（Richard Feynman），这种基于图像的方法令各类粒子交换在特定过程中的贡献变得显而易见。图 2–3 展示的两种费曼图均涉及一个电子和一个正电子的相互作用。

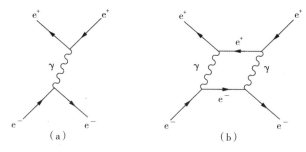

图2-3 费曼图

注: 一个电子 (e⁻) 和一个正电子 (e⁺) 通过交换光子 (γ) 发生相互作用。

在费曼图中, 一般由实线表示费米子, 由波浪线表示光子。时间流逝的方向是从左向右。箭头并不代表粒子的运动方向, 而是用来区分粒子和反粒子: 代表粒子的箭头指向右, 代表反粒子的箭头则向左。

在图 2-3 (a) 中, 电子 (e⁻) 释放的一个光子 (γ) 被正电子 (e⁺) 吸收。图中的电子和正电子通过交换单个光子发生相互作用, 这是最简单的情况。在图 2-3 (b) 中, 电子在放出第一个光子后又释放了一个光子, 因此它和正电子一共交换了两个光子。不确定性原理决定了这两张费曼图中的光子存在的时间很短, 它们不会出现在实验中, 因而得到了虚粒子 (virtual particle) 之名。费曼图中的每个顶点 (线相交之处) 都关联着一个 α 因子, 交换多个光子的过程涉及相应过程对应的数个 α 因子相乘, 因此比仅交换单个光子的过程对相互作用的贡献要小得多。涉及多粒子交换的费曼图被称为高阶费曼图 (higher-order diagram)。事实上, 在费曼发展的方法中, 费曼图可以被转化为对真实数据数值上的预测，不过在本书中我将只把它们当作图像展示。

绝大多数粒子物理学家最终接受了重整化方法，因为利用量子电动力学（quantum electrodynamics, QED）理论推导出的结果与实验数据高度吻合。理论预测，以前被认为空无一物的真空实际充斥着不断产生并湮灭的粒子 – 反粒子对，如此剧烈的活动理应在实验数据上有所表现。其效应之一是对狄拉克方程给出的自旋为 $\frac{1}{2}$ 的粒子磁矩的微小修正。尽管这种观点最初遭到了一些人的反对，但实验证实了这样的修正。然而，狄拉克并不相信重整化方法是最终的答案，这并非因为重整化方法无法提供与实验相符的结论，而是由于其中涉及的技巧破坏了他本人难以割舍的数学美感。狄拉克在余生中始终相信无穷大问题一定存在更好、更优雅的解决方法，尽管他没能找到合适的答案。

考虑到弱相互作用的强度远小于电磁相互作用，物理学家推断微扰理论应当能带来有关弱相互作用的成功场论。早在 1935 年，费米就参照电磁相互作用构造出一个弱相互作用理论以分析 β 衰变，但这一理论也备受无穷大问题的困扰。随着重整化方法的出现，人们希望费米的理论能够从中得到完善，但事实并非如此：理论中的无穷大无法被消除，为构建关于强相互作用的量子场论进行的尝试也没有成功。直到夸克通过交换胶子、W 粒子和 Z 粒子等载力子发生相互作用的理论出现，物理学家对量子场论的兴趣才重新被激发。

　　描述电磁相互作用、弱相互作用和强相互作用的三种现代量子场论均具备一种基本的对称性——规范不变性（gauge invariance），这意味着对理论中的数学量进行特定的变换不会改变它们对可观测量的预测。相应的载力子也因此被称为规范玻色子（gauge boson）。规范不变性最初被视为麦克斯韦方程组（Maxwell's equation）的性质之一，该方程组统一了对电和磁的描述。这不仅仅是数学上的巧合。变换才是基本的，它们决定了能够出现的相互作用的类型。1971年，荷兰理论物理学家杰拉德·特·胡夫特（Gerard 't Hooft）的一项开创性研究证明了规范理论是可重整化的。这一突破令粒子物理学家能够对所有可观测量做出有限的预测，也使量子场论成为标准模型的理论基础。

　　我们仍需处理有关引力的问题。无穷大同样出现在构造关于引力的量子场论的尝试中，并且比其他三种基本相互作用涉及的问题严重得多，截至目前还没有合适的解决方案。

PARTICLE PHYSICS

第3章

加速器和粒子束

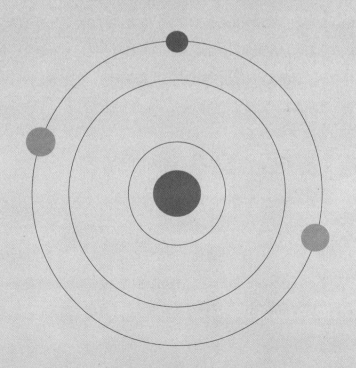

在典型的粒子物理学实验中，实验者通常令事先准备好的粒子发生相互作用，并观测产生的粒子。相互作用的产物可能是被散射到新方向的原始粒子，如卢瑟福与同事进行的实验中那样，此类过程被称为弹性散射（elastic scattering）。由于能量可以被转化为物质，相互作用的产物也可能是新的粒子。在较高的能量下，相互作用生成许多新粒子是最有可能的结果。这些新粒子往往并不稳定、会很快衰变，因此实验者纷纷转而研究其衰变产物。在本章，我们将探讨物理学家如何制备实验中被用作"炮弹"的粒子。

自然和人造的加速器

在许多年间，实验中能够使用的只有那些本来就存在于自然界的粒子，但它们的能量不受实验者控制。在绝大多数情况下，这些粒子的能量大小也不一致，可供使用的粒子源全部具备一定的能量区间，例如原子核放射性衰变的产物。利用它们进行的实验引出了原子核的发现。这种 MeV 量级的能量对多数现代粒子物理学实验而言都太低了，不过也有一些实验会用到核反应堆放出的数量庞大的中微子。核反应堆所释放的能量源自放射性原子核的裂变，放射性原子核的衰变产物会经历 β 衰变，过程中释放的中微子能量通常在数个 MeV。

宇宙射线产生的次级粒子具备高得多的能量。从太空"撞向"地球的宇宙射线由质子等粒子组成，其具体来源尚不明确。一些宇宙射线具有实验室内无法达到的巨大能量，它们与大气层中的原子发生相互作用，生成能够在地球表面被探测到的粒子。利用宇宙射线进行的实验带来了许多惊人的成果，其中包括正电子的发现。宇宙射线也在首次发现非自然存在的、寿命短暂的不稳定粒子的过程中扮演了关键角色，这种自旋为 0 的玻色子名为 π 介子。"介子"代表参与强相互作用的玻色子。π 介子存在三种形式，一种带正电荷（π^+），一种带负电荷（π^-），最后一种则不带电（π^0）。

虽然对宇宙射线和其产物的研究本身也是一项有趣的课题，但如今几乎所有实验物理学家都在使用由加速器制造的人造粒子束。加速器从低能粒子源开始，通过向粒子施加电磁力增加其能量。利用加速器只能直接生成稳定的带电粒子束，如质子束、反质子束或电子束。不过，也有间接地制造不稳定粒子乃至中微子等部分电中性粒子束的方法。

在加速过程开始前，低能粒子被从一个高强度的源注入加速器（例如，电子来自被加热的金属丝）。粒子通常需要经历几个逐步增加能量的阶段以达到最终能量。相比天然的粒子源，加速器具备极大优势：其制造的"炮弹"粒子种类单一，能量也受到实验者控制。最早的加速器建成于 20 世纪 30 年代，但当时生成的粒子能量只有数个 MeV。到了 20 世纪 50 年代，粒子的能量达到了数个 GeV。目前，能量最高的加速器生成的粒子带有数个 TeV 的能量，这令我们能够以大爆炸后极短时间的等效温度对物质进行探索。

直线和环形加速器

早期的一些加速器利用静电场加速粒子，它们受限于相对较低的能量。因此，粒子物理学家转而使用另一种方式制造研究所需的粒子束：通过重复施加射频电场来增强初始粒子的能量。许多不同的加速器都用到了射频场，它们的大致原理十分相似。

图 3–1 展示了一个以质子作为被加速粒子的直线加速器。来自低能粒子源的质子需要穿过真空管内部的一系列金属漂移管。真空管本身被维持在高度真空的状态，从而将质子和空气中气体分子之间的相互作用降至最低限度。一个个漂移管则交替连接至生成射频电场的振荡器的两个端子。在图中，V 代表漂移管的电势，它决定了施加在质子上的力。根据图中电势的符号，质子会在接近第一个漂移管时被加速。由于漂移管被维持在恒定的电势，质子将以恒定的速度通过它。如果射频振荡器能够在质子经过第一个漂移管的过程中改变电场的方向（也就是电势的符号），质子将在第一个和第二

个漂移管之间再次受力加速，此后同理。为了能够持续加速，质子在各个漂移管间的运动必须同步于不断振荡的射频电场。在质子经过更多漂移管速度不断增加的同时，它们通过同样距离所需要的时间也在缩短。如果电场振荡的频率保持不变，后面的漂移管必须越来越长，才能确保质子经过每个漂移管都花费相同的时间。质子束还必须始终保持聚焦，以免在加速的过程中击中漂移管的管壁。质子直线加速器在粒子物理学实验中经常被用作注入器：由它们生成的具备一定能量的质子束被注入更为强大的加速器，从而获得更高的能量。

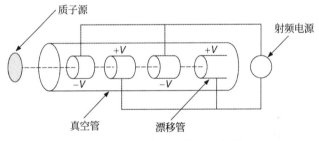

图 3-1　质子直线加速器的加速过程

由于经过加速的电子速度将很快接近光速，它们用到的加速装置与质子略有不同。电子加速器由一段笔直的管道构成，中间是一系列圆柱体金属腔。加速器加速粒子的能量来自名为速调管的设备，后者以脉冲的形式在电磁波谱的微波波段产生辐射。这些脉冲被传输至加速器，在其内部生成一个指向金属管方向的振荡电场和一个环绕金属管方向的磁场，这个振荡电场类似于质子直线加速器中射频振荡器产生的电场。电子加速器中的所有金属腔都具有相同的长度，因此需要对微波的频率进行调整，以确保电子在恰当的时机到达各个金属腔，从而得到最大的能量增幅。加速器中的磁场也非常重要，它能帮助电子束维持聚焦的状态。世界上最大的直线加速器是斯坦福大型强子对撞机（Large Hadron Collider，LHC），它位于美国加利福尼亚州斯坦福直线加速器实验室（Stanford Linear Accelerator Center，SLAC）。加速器由 8 万个以铜盘隔开的铜腔组成，每个铜盘中心都有用来引导粒子束方向的小洞。这台加速器的最大能量为 50 GeV，为了达到这一能量，它的长度超过了 3 千米。不寻常的是，斯坦福直线对撞机被建造在离"臭名昭著"的圣安德列亚斯（San Andreas）地震断层线非常近的地方。

　　不同于直线加速器，环形加速器具备环形或近似环形的结构。最早出现的是回旋加速器（cyclotron），参见图 3-2，它由两个处于高度真空状态的 D 形盒组成，其间充斥着射频电场。两个 D 形盒被横着夹在磁铁的磁极之间，垂直于磁铁生成的均匀磁场。带电粒子从加速器中心附近被注入一个与磁场垂直的平面中。由于粒子运动的方向垂直于磁场，它们受力沿螺旋轨迹向外运行，并在每次穿过两个 D 形盒间的空隙时得到加速。在轨道半径最大处（此处对应着最高的能量），粒子束被导出加速器。磁场在两块磁极的边缘处弯曲，形成的力（在图中以箭头表示）会将粒子拉回运动所在的正中平面，从而保持粒子束的稳定。历史上第一台回旋加速器是美国物理学家欧内斯特·劳伦斯（Ernest Lawence）于 1929 年建造的，其直径不过 13 厘米。

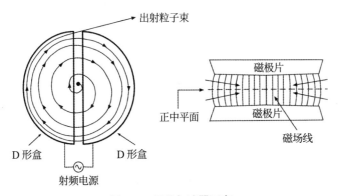

图3-2　回旋加速器示意

回旋加速器的工作原理中隐含了粒子总是以相同的时长环绕加速器一周的假设。然而，随着粒子的速度增加，相对论效应逐渐变得明显，这一假设不再成立。为了持续对粒子进行加速，每一圈都需要施加更多的力。渐渐地，粒子的运动不再与射频场同步，它们到达空隙的时间较晚，因而无法再获得能量增幅。在实验中，回旋加速器只能将粒子加速至光速的百分之几。

在粒子物理学历史的早期，回旋加速器扮演了重要的角色，费米就是利用它发现了最早的强子共振态。但由于其自身的局限性，回旋加速器在后来的研究中被同步加速器（synchrotron）取代。同步加速器与直线加速器相似，但以环形或近似环形（而不是笔直）的轨道对粒子进行加速。在真空的束流管道中，一系列磁铁生成的磁场约束着粒子束，将后者维持在轨道内环绕加速器运动，这一结构被称为束流线（beam line）。随着粒子束重复穿过加速器中预先设置的一个个腔，粒子获得能量并加速。

同步辐射（synchrotron radiation）效应告诉我们，在环形轨道中运动的带电粒子会不断发出电磁辐射。在粒子能量固定的情况下，由于同步辐射而损失的能量随粒子质量的降低急剧增加。因此，像电子这样轻的粒子受辐射效应的影响非常大。为了弥补这一损耗，电子同步加速器需要输入大量射频能量，这限制了电子同步加速器所能达到的能量。电子直线加速器则不受类似现象影响。

环绕同步加速器运动的粒子动量正比于磁场强度与轨道半径的乘积。随着粒子被加速，其动量也在不断增加，这意味着若要保持粒子轨道半径不变，同步加速器内的磁场强度也必须稳定增加。这一点有别于回旋加速器中用到的恒定磁场。在一定区域内能够产生的最大磁场强度是有限的，因此需要用到一些极低温度条件下的技术（涉及"超导"或"低温物理学"）来减少能量损耗。为了达到足够高的能量并限制同步辐射，加速器的半径必须非常大。位于芝加哥费米实验室（Fermi National Laboratory）的万亿电子伏特加速器（Tevatron accelerator）能够将正负电子加速至 1 TeV，它的半径达到了 1 千米。

在被加速的过程中，粒子束或许需要环绕加速器数百万次才能达到其最大能量。物理学家必须努力将粒子控制在稳定的轨道中：偏离轨道的粒子将无法获得最优加速；如果有粒子击中真空管的管壁，它们甚至可能离开粒子束。粒子被分成一束束进行加速，每束粒子均与射频场同步；束流线上的另一组磁铁控制着粒子束轨迹的波动，它们起到的作用好比光学镜片。每块磁铁都在特定的方向上聚焦粒子束，并在与之垂直的方向上对后者进行散焦。相邻磁铁的磁场方向相反，以维持粒子束轨道的稳定。

固定靶加速器与粒子对撞机

直线和同步加速器可以根据工作原理分为"固定靶"（fixed-target）与"粒子对撞"（colliding beam）两类。在固定靶的加速器中，加速至最高能量的粒子束被从加速器中导出并引向静止的靶，后者通常是固体或液体。就这一点而言，固定靶加速器的工作原理类似于早期的回旋加速器。由于在加速电子的过程中无法避免因同步辐射造成的能量损失，质子加速器中的粒子能够达到比电子加速器高得多的能量。高强度的粒子束所产生的大量相互作用既可以直接用于研究，也能够用来制造次级粒子束。从 $E = mc^2$ 可以看出，生成的粒子越重，所需的能量越多。这也体现出固定靶的实验在需要非常高的能量时的一个劣势：当高速运动的"炮弹"撞上静止的靶时，一部分动能被转移到靶上，靶的这份能量无法被用来生成新的粒子。而随着实验能量的升高，"边际收益递减定律"也会很快显现，浪费越来越多的初始能量。

借助运动靶令两束粒子进行正面碰撞可以解决这样的问题。斯坦福直线对撞机和万亿电子伏特加速器都是粒子束对撞加速器，它们通常被称为对撞机。在对撞机中，两束粒子（一般是某种粒子及其反粒子，例如电子与正电子）以相反的方向环绕而行。在围绕对撞机运动的过程中，粒子束被允许在一些位置相交，实验就发生在这些地方。实验中用到的两束粒子往往具有相同的能量，这样一来，这些能量就能够全部用于生成新的粒子。在这种情况下，对撞产物的动量不会明显集中在某个方向，粒子分布较为均匀，这将决定后续对其进行探测的方式。

粒子对撞实验也有其自身的局限性。用于对撞的粒子必须稳定且带电，也就是说它们必须能够被电场加速，这限制了可以研究的相互作用类型。另外，在两束粒子相交之处发生碰撞的概率远低于固定目标的实验，这是因为与固体靶和液体靶相比，粒子束中的粒子密度非常低。

由于现代粒子物理学研究需要越来越高的能量，如今新建成的加速器几乎全都是对撞机。截至目前，世界上最大的对撞机是进行质子－质子对撞的大型强子对撞机。它建在欧洲核子研究中心（European Centre for Nuclear Research, CERN）地下深处的一条隧道中，深度在 50～175 米，耗资约 28 亿英镑。周长约 27 千米的它横跨日内瓦附近法国与瑞士的边境。对撞机内，单束粒子的最高设计能量达到了 7 TeV。建造容纳对撞机的隧道并在其内部安装设备本身就成了一项重大国际工程项目。大型强子对撞机于 2010 年 3 月投入使用，在最初进行调试的阶段，其能标仅达到其最高设计值的一半。

图 3-3 中能看到大型强子对撞机的一段束流线。图中，管道被特意打开以展示其内部的两束质子，以及将质子束维持在环形轨道中的磁铁和后者用到的液氦系统。对撞机内总共设置了超过 1 600 块超导磁铁，它们弯曲粒子束并对其进行聚焦，大部分磁铁重达 27 吨以上。为了将这些磁铁维持在 1.9 开尔文的工作温度，大型强子对撞机需要约 96 吨液氦，这使它成为世界上最大的利用液氦制冷的低温设施。

图 3-3　大型强子对撞机的束流线及其所在的隧道

图片来源：CERN-AC-091118801 byM. Brice；reproduced by permission of CERN。

图 3-4 是大型强子对撞机和欧洲核子研究中心部分其他加速器的示意图，它展示了粒子物理学家为了达到更高能标所用到的多阶段加速过程。加速过程从一台直线加速器开始，生成的粒子束通过质子同步推进器（PSB）获得更多能量，然后进入质子同步加速器（PS），这台加速器也出现在一些低能实验中。之后，粒子束借助超级质子同步加速器（SPS）在能量上得到进一步提升，最后被注入大

型强子对撞机。粒子束在大型强子对撞机内的四处位置交汇，实验（在图 3-4 中以 ALICE、CMS、LHC-b 及 ATLAS 标记）就在这些区域展开。我们会在后面的章节详细讨论部分实验以及它们的发现。值得注意的是，实验中生成的中微子束（图 3-4 底部）被导向 730 千米外的意大利格兰萨索实验室（Gran Sasso Laboratory）。中微子束能够传播如此远的距离是第 1 章中提到的中微子极少发生相互作用的一个很好的例子。

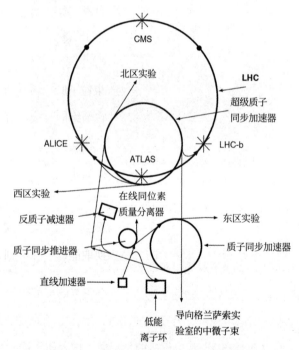

图 3-4 欧洲核子研究中心各加速器示意

近些年，一类特殊的对撞机愈发受到关注。在这些所谓的"粒子工厂"中，研究者调整进行对撞的两束粒子的能量，令其可供生成新粒子的总能量在特定位置达到峰值，对应着物理学家希望研究的粒子的质量。目前在日本和美国有两处 B 介子工厂（B-factory），它们加速电子和正电子，通过调整粒子束的总能量生成大量有潜力揭示弱相互作用细节的 B 介子。B 介子是一种玻色子，寿命非常短暂，只有约 10^{-12} 秒。就算 B 介子能够以光速运动，它在衰变前也只能移动 3×10^{-4} 米，眼下精度最高的技术也无法对这么短的运动距离进行测量。B 介子工厂不得不采用另一种对撞形式：实验中用到的电子束与正电子束能量不同，它们的速度也因此有所区别。碰撞发生后，在两束粒子湮灭之处产生包含着许多 B 介子的"碎片"，这些碰撞产物会沿先前较快的一束粒子原本运动的方向前进。注意当我们提到某种粒子的寿命时，它始终应当被理解为该粒子在静止状态下的寿命。如果粒子在运动，狭义相对论中的钟慢效应（time dilation）意味着粒子在实验室中观测到的寿命将比"静止"状态下的寿命要长。通过这种方式生成的 B 介子在实验室中运动的距离尽管仍以毫米为单位，但足以被观测到。本质上来说，B 介子工厂牺牲了一部分制造新粒子的能量以换取能切实探测到它们的能力。

粒子束

加速器只能将稳定且带电的粒子直接制成粒子束，在对撞机中这往往也包括反粒子。理想情况下，对撞机内的反粒子束密度应当与其对应的粒子束相当，且和后者一样具备稳定的能量。问题是，参与对撞的反粒子从何而来？举个例子，反质子可以通过质子与其他靶相撞产生，但通常每 100 万个质子才能生成一个反质子。由此得到的反质子束不仅密度极低，粒子的动量分布也将非常分散。我们必须想办法对粒子束进行"压缩"。

1968 年，荷兰应用物理学家西蒙·范德梅尔（Simon van der Meer）率先提出了一种提升粒子束均匀性的巧妙方法。这种方法利用粒子束中一团团粒子产生的电信号驱动电磁设备施加脉冲对粒子的动量进行修正，以降低这些粒子团之间的动量差异。经过长时间的不断修正，特定粒子偏离粒子束中其他粒子的平均趋势降低，粒子束因而得到"压缩"，这样的过程称为对粒子束的冷却。我们在介绍光子时讨论过，粒子束中的粒子能量可以由等效温度表征。如果从一束粒子中每个粒子的动量中减去它们的平均动量，这些粒子看上去将在进行随机运动；随机运动越活跃，粒子束就越"热"，类似于气体中的分子。粒子束的冷却时间从一秒到数分钟不等，取决于具体实验所需的不同冷却程度。范德梅尔将他的技术应用在欧洲核子研究中心的超级质子同步加速器生成的反质子上并成功地得到了反质子束，正是这束反质子被用在了发现 $W^\pm$ 和 Z^0 粒子的质子—反质子对撞实验中。范德梅尔在粒子冷却方面的工作让他获得了 1984 年的诺贝尔物理学奖，这使他成为仅有的几位获得这一殊荣的加速器物理学家 / 工程师之一。

物理学家对 π 介子等不稳定粒子的相互作用也很感兴趣。理论上，只要不稳定粒子的寿命足够长、能在实验室中运动够长的距离，它们也能形成粒子束。为了制备不稳定粒子，可以将从同步加速器或直线加速器中导出的初级粒子束引向一个较重的靶。在粒子束与靶核的相互作用中，许多新的粒子被制造出来。其中一些带电新粒子的轨迹可以通过施加磁场来引导。

如果一束粒子由不稳定粒子组成，它们可以被进一步用来制造这些粒子衰变产物的粒子束。例如，利用 π 介子的衰变可以得到 μ 子束。甚至有一些巧妙的方法能够通过 π 介子和 μ 子等粒子的弱相互作用衰变制备中微子束。

PARTICLE PHYSICS

第4章

探测器——粒子显微镜

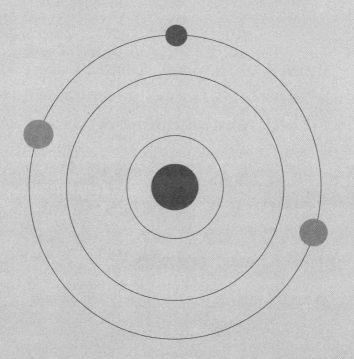

光学显微镜只能用来观察尺寸大于可见光波长的物体。虽然以电子替代可见光的显微镜在分辨率上有所提高，但即便用它们也无法看清强子和标准模型中的粒子等粒子物理学家更感兴趣的对象。为了对这些物体进行研究，新型的粒子显微镜被开发出来，它们被统称为探测器（detector）。

最初发现原子核存在的实验中，在被散射的阿尔法粒子击中时会闪烁的硫化锌屏幕发挥了重要作用。你一定也听说过盖格计数器（Geiger counter），它能够将来自放射性源的辐射效应转化为音频信号，其"咔哒"声响的频率代表着辐射的强度。这种手持设备现在主要用于检测潜在的辐射泄漏。如今，一些探测器的工作原理仍与以上两种仪器大同小异，另一些则采用了完全不同的机制。

建造探测器

粒子必须与探测器的材料发生相互作用才能被探测到，发生相互作用的方式有很多，具体哪一种相互作用最重要取决于粒子的种类及能量。

首先，粒子可能与原子核发生相互作用。比如，强子能够通过短程强核力与原子核发生相互作用。由于强相互作用与粒子所带电荷量无关，它对电中性的粒子和带电粒子同样重要。在能量足够高的情况下可能发生多种相互作用，其中大部分都会生成多个粒子。中微子和反中微子也能与原子核发生相互作用，但由于这一过程涉及弱相互作用，它发生的概率非常低。

其次，当带电粒子穿过物质时，原子核生成的电场会作用在粒子所带的电荷上，使粒子加速或减速，从而导致它们辐射光子并失去能量。这种名为轫致辐射（bremsstrahlung）的过程对电子和正电子的能量损失具有重要影响。

最后，带电粒子还可以通过激发其运动沿途的原子失去能量，甚至能够从原子中剥离一个或多个电子，留下带正电的原子：离子（ion）。这一过程中的电离能量损失（ionisation energy loss）正比于粒子所带电荷量的平方。因此，与带整数倍电荷的粒子相比，电荷数为分数的粒子的能量损失率要低得多。电离和辐射过程中的能量损失源于长程电磁相互作用，它们是大部分带电粒子探测器的基础。

辐射能量损失在高能电子及正电子的能量损失中占据了绝对的

支配地位。但对处于较低能量的其他所有粒子而言，辐射过程所造成的能量损失要比电离低得多。辐射过程中释放的粒子质量越大，基于辐射的能量损失就越低。因此，相同能量的 μ 子能够比电子在物体内穿行更远的距离。最后还有光子，不同于较重的带电粒子，光子被物质中的原子以大角度吸收或散射的概率相当高。光子的整体能量损失可以源于各种过程，但在高能下占主导地位的效应是电子—正电子对的形成。

对粒子的探测不仅仅是弄清它们所处的位置这么简单。为了得到有意义的数据，测量必须足够精确，也就是探测器分辨率要足够高，从而在时间和空间上都能区分不同的粒子，以确定哪些粒子参与了特定的相互作用。物理学家需要识别各类粒子并测量它们的能量和动量，虽然有一些多功能探测器，但其中任何一台都无法完美地同时满足所有这些需求。现代粒子物理学实验经常用到非常大的多组件探测器，这样的设备将许多不同的子探测器整合在一起，可以详细测量涉及寿命极为短暂的粒子的复杂相互作用。以下是对探测器的简要介绍，我们将在之后对每种探测器进行更详细的讨论。

在早期的探测器中，带电粒子的运动被以某种方式转化为可视轨迹。这些带来过许多重要发现的设备如今已被电子探测器取代。各式各样的气体探测器能够将带电粒子穿过气体所造成的电离转化为电信号。它们主要被用来对粒子的位置进行精确测量，或通过一系列测量记录粒子运动的轨迹。在后一种情形中，这些气体探测器也被称为径迹室（track chamber）。径迹室通常被设置在磁场中，这样一来，带电粒子的轨迹将在磁场作用下弯曲。如果粒子运动的方向和磁场的方向都是已知的，从粒子轨迹弯曲的方向可以推断它携带的电荷量。轨迹的曲率也为测量粒子动量提供了一种方式。

磁谱仪（spectrometer）是一种专门测量动量的仪器，其内部的磁铁围绕着一系列追踪粒子运动的探测器。在粒子对撞实验中，相互作用的产物会出现在各个方向：磁谱仪必须彻底覆盖相互作用发生的区域，才能得到完整的数据。利用一种名为半导体的固体能够实现对电离产物的收集。它的电性能介于导体和绝缘体之间，相当于固态版的气体探测器。

还有两类重要的针对带电粒子的探测器，即闪烁计数器（scintillation counter）和切连科夫计数器（Čerenkov counter）。在发现原子核的实验中用到的硫化锌屏幕就是一种闪烁计数器。这类探测器具有出色的时间分辨率，常常被用来决定激活其他探测器的时机以及是否记录特定相互作用的相关信息。如果没有这样的触发机制，针对特定类型相互作用的实验结果可能充斥着大量无关的数据。不过，太过精细的触发条件也可能令实验者错过意料之外的现象。切连科夫计数器可以对带电粒子的速度进行测量，并利用粒子的动量和速度确定其质量，从而区分带有同样高动量的不同种类的粒子。

以上几种设备只能用来探测带电粒子。此外，通过彻底吸收粒子来测量其能量的量能器（calorimeter）既可以用于测量带电粒子，也能够对电中性的粒子进行测量。

乳剂、云室和气泡室

摄影中用到的乳剂（emulsion）是最早的图像探测器，它是涂在玻璃板上的一层厚厚的胶状材料。带电粒子穿过时，会通过电离作用在乳剂中形成潜像。乳剂中的银颗粒在感光板显影的过程中浮现，记录下粒子运动的轨迹。穿过乳剂的粒子所带电荷量越大，银颗粒聚集在一起呈现的轨迹就越厚。虽然利用显微镜可以观察并追踪乳剂中粒子轨迹浮现的过程，但它实在太过缓慢。如今人们对乳剂的关注主要基于其历史意义，偶尔也会将乳剂与电子探测器结合起来以达成极特殊的目的。

乳剂带来的最重要的实验结果之一出自布里斯托大学（Bristol University）的一个研究组，该小组在 1947 年的一次宇宙射线实验中首次探测到一种带电的 π 介子。这一发现并不令人感到意外，日本理论物理学家汤川秀树（Hideki Yukawa）早在 1935 年就预测了这种粒子的存在。汤川在强核力背景下推导出了有关力程与被交换粒子质量之间关系的理论。强核力的大致力程可以从核物理实验中得到，基于此，汤川预测其载力子的质量应当在 140 MeV/c^2 上下。这是将力与粒子交换联系在一起的最初尝试。

1937年，宇宙射线实验中出现的候选新粒子引起了极大关注。这种粒子质量略低于汤川秀树的预测值，但人们认为其中的问题不算严重，因为当时就连强核力的力程都不是很确定。根据定义，任何强相互作用的载力子都应当与核子发生显著的相互作用。然而实验显示，新粒子可以在物体内穿行很长距离却不发生明显的相互作用。找到符合汤川秀树所预测的质量和性质的粒子花了10年时间。先前发现的较轻的粒子其实是μ子，它是电子较重的姊妹之一。μ子的质量约为106 MeV/c²，是电子的200倍。与后来发现的π介子不同，μ子的发现出乎所有人意料。

图4-1展示了在乳剂中观测到的π介子衰变。图片底部，运动中的π介子停下来衰变成μ子和中微子，这一过程可以被简洁地表达为$\pi^+ \rightarrow \mu^+ + \nu$，各个希腊字母代表着不同的粒子（π代表π介子，μ代表μ子，ν则是中微子）。由于衰变的最终产物只有两个粒子，这些μ子的能量全部相同，它们中的每一个停止衰变前在乳剂中运动的距离都大致相等（约600毫米）。此后，μ子衰变为3个粒子，分别是正电子、中微子和反中微子（$\mu^+ \rightarrow e^+ + \nu + \bar{\nu}$）。乳剂中只能观测到带电粒子，因此粒子的运动轨迹在其衰变的位置会出现一处弯折。

云室（cloud chamber）是一种与乳剂几乎同样古老的探测器，它的工作原理基于水蒸气凝结成液滴的速度在有离子时更快这一现象。云室是带有活塞的容器，其中充满水蒸气含量几乎饱和（达到上限）的气体。当使用者迅速抽出活塞时，容器中的气体膨胀并冷却，从而达到"过饱和"的状态。也就是说，容器中的水蒸气超过了相应气压下通常所能容纳的量，这样的状态并不稳定。带电粒子产生的离子穿过云室将导致液滴的形成，后者会出现在粒子运动的径迹上。在气体发生膨胀后立刻以光线照亮云室：如果有粒子穿过，液滴显现出的径迹就会通过云室的窗口在消失前被拍摄下来。

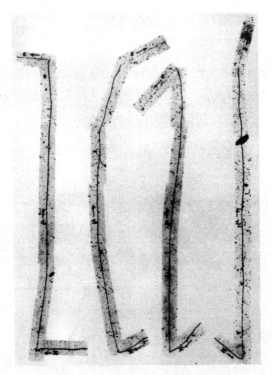

图 4-1　早期实验中乳剂中显现的带正电的 π 介子

利用机械活塞膨胀及再压缩气体的过程非常缓慢，每次大约需要1分钟。然而与云室相连的加速器每隔几秒就会生成一组粒子，在没有发生相互作用的情况下，对云室进行膨胀效率相当低。为了解决这一问题，通常会在云室的上下两端设置盖格计数器，只有在盖格计数器探测到粒子穿过时才令气体膨胀。这一点与乳剂有本质上的区别：后者不断进行着探测。

图4-2的照片展示了安德森最初在云室中观测到的正电子轨迹之一。照片中央的暗带是厚6毫米的铅板，它被用来减慢粒子的速度。粒子轨迹会在磁场的影响下弯曲，其弯曲程度随着粒子动量的降低而增加，这是因为运动较慢的粒子轨迹比运动较快的粒子更容易弯曲。根据这一点，我们可以看出粒子自图片底部向上运动。粒子所带电荷的符号也可以从轨迹弯曲的方向得出：照片中的粒子带正电荷。

质子也能够在云室中产生径迹，但安德森通过测量粒子径迹上半部分的长度排除了这种可能性。带电粒子在物体内损失能量的快慢取决于其速度和所带的电荷量。安德森根据图4-2中径迹上半部分的曲率计算出粒子的动量是23 MeV/c，这对应着一个速度很小的质子或一个高速运动的质量非常轻的粒子。如果穿过云室的是质子，它会迅速损失能量并在约5毫米内停下，这与铅板的厚度十分接近。然而，安德森观测到的粒子径迹比5毫米要长，这使他能够对粒子的质量做出推测：结果显示，它与电子质量相当。这意味着他发现了带正电荷的电子，安德森称其为正电子（positron）。事实上，研究人员在 20 世纪 20 年代就观测到径迹弯曲方向"错误"的粒子，但这一发现在当时并未受到重视。虽然安德森似乎并不知道狄拉克曾预言反粒子的存在，但其他人迅速在两者间建立了联系。

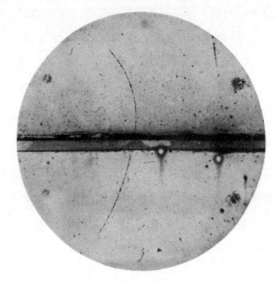

图 4-2　最早在云室中观测到的正电子径迹之一

　　由于以气体作为介质，云室中发生碰撞的概率很低。到了 20 世纪 50 年代后期，它基本上被气泡室（bubble chamber）这种类似的设备所取代。气泡室利用液体作为介质以提升碰撞率。在气泡室中，容器内的液体最初处在高于平衡蒸汽压的压力下。平衡蒸汽压意味着气泡室内的液体蒸发率与蒸汽凝结率相等。当压力突然降低，液体会被留在"过热"状态，类似云室中的过饱和气体。过热液体的温度高于它在压力降低后的沸点，因此这样的状态并不稳定。带电粒子穿过液体制造出的离子对会使电离径迹的沿途形成气泡。

气泡室最为流行的时期用到的介质通常是液氢。然而，这就像是在一颗可能会爆炸的炸弹旁工作，因此实验者必须格外小心。一些实验会使用丙烷等重液来提高反应率。和云室一样，气泡室通常被设置在磁场中，以便得到粒子的动量；触发机制则被用来选择目标粒子事件。

气体和半导体探测器

气体探测器可以记录带电粒子穿过气体造成的电离，这里的气体通常是惰性气体，如氩气。气体探测器以电极收集电离产物并输出经过放大的电脉冲信号，在早期实验中也会以某种其他方式显现出电离径迹。

气体探测器工作原理的关键在于电极间特定电压下每一个带电粒子生成的平均离子对数量。当电压较低时，探测器的输出信号将非常小，因为电子—离子对会在到达电极前复合。随着电压的增加，离子对数量上升；最终，电场强度足以使初级电离产生的电子—离子对获得足够的能量，引发进一步电离。这将导致信号增幅迅速提升。探测器正电极处的输出信号强度与初始粒子损失的能量成正比。

最早的气体探测器由维持在负电势下的充满气体的圆柱体管（阴极）和正电势下的单一中央细丝（阳极）构成。相关技术在1968 年取得了突破。多丝正比室（multi-wire proportional chamber）利用设置在一对阴极平板之间的平面上的多个阳极丝作为一个个独立的探测器，大幅提升了气体探测器的空间分辨率。漂移室（drift chamber）则利用了阴极释放出的电子需要一段时间才能从它们生成的地方漂移至阳极的事实，这种探测器能够达到更高的分辨率。

从带电粒子经过到阳极脉冲信号出现的时间与粒子径迹和阳极丝之间的距离有关；在这里，对距离的测量被转化为对时间的测量。由于时间上的测量相当精确，漂移室能够达到非常高的空间和时间分辨率。

图 4–3 是费米实验室对撞机探测器（Collider Detector at Fermilab，CDF）的圆柱体漂移管记录下的一例事件。探测器环绕在反应区域四周，图中沿束流管方向展示了质子与反质子湮灭产生的粒子径迹的电子化重构。粒子径迹由于外部磁场的存在而弯曲。

还有一种使用硅等半导体作为介质的探测器，对应着气体探测器的固体版本。带电粒子穿过探测器，将受到束缚无法移动的电子激发至另一个可以移动的区域，在其原本的位置留下一个"空穴"。在此过程中形成的电子—空穴对扮演着与气体探测器中的电子—离子对相同的角色。

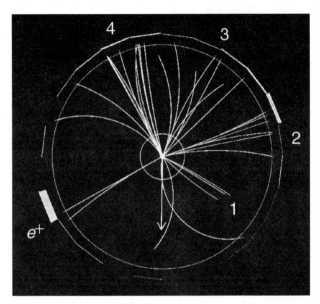

图 4-3　费米实验室对撞机探测器漂移室内的事件重构

　　电子和空穴在电场的影响下分开，然后在电极处被收集，给出正比于入射粒子能量损失的信号。生成一组电子—空穴对所需的能量只有气体探测器的约 1/10，因此一个低能粒子可以产生数量庞大的电子—空穴对，这意味着固体探测器非常适合用来探测此类低能粒子。在粒子束对撞实验中，探测器被设置在离反应点很近的位置以研究寿命非常短暂的粒子的衰变过程，这时它们被称为顶点探测器（vertex detector）。固体探测器在研究涉及较重的夸克的过程时也不可或缺，后者的寿命最短只有 10^{-13} 秒。

闪烁计数器、切连科夫计数器和量能器

在闪烁体（scintillator）内部，探测器介质内原子中的电子被激发损失的能量在退激发时以可见光的形式或在电磁波谱的紫外线波段重新出现，之后被导向闪烁计数器中的光感测器（photodetector）表面。光感测器可以将微弱的光子信号转化为可测量的电子脉冲，光电倍增管就是一种重要的光感测器。在光电倍增管中，电子被导向阴极，而后从中射出。新释放的电子通过撞击一系列装置得到倍增和加速，最终在光电倍增管末端的阳极形成信号。闪烁计数器经常被用于触发其他探测器，还可以在漂移室中用来提供起始参考时间。常用的闪烁体有无机单晶、有机液体或塑料。一些现代探测器同时用到了重达数吨的探测设备与数千个光电倍增管。

切连科夫计数器能够对高能粒子的速度进行测量。其工作原理涉及的效应类似于飞机超过空气中的音速时发生的音爆——在切连科夫计数器中，相应的量是光速。值得注意的是，光速取决于光传播的介质。虽然粒子在真空中无法超光速运动，但在更普遍的物理世界中，它的速度有可能超过光速。超光速运动的粒子的部分激发能会以一个电磁辐射锥的形式重新出现，这就是切连科夫效应（Čerenkov effect）。辐射与运动方向之间的夹角取决于粒子的速度。辐射锥截面的环形图像被以电子化的形式构建出来，而粒子的速度则可以通过测量辐射的角度确定。切连科夫计数器受到的主要限制在于其每厘米产生的光子非常少，只有典型闪烁体的1%。

量能器在通过粒子被吸收的能量总和测定其能量及位置的过程中扮演着非常重要的角色。与其他大多数探测器不同，使用量能器进行测量会改变粒子的性质。一些量能器的内部构造如同三明治一样，交替设置着一层层减缓粒子速度并吸收粒子的高密度材料（如铅）和对粒子能量进行记录的材料（如闪烁体）。另一些量能器则将这些功能整合在同一种材料中。

粒子在能量被吸收的过程中会与探测器内的材料发生相互作用生成次级粒子，而这些次级粒子自身也将导致更多粒子的产生。类似的过程一再重复，量能器内就会产生大簇粒子，就像气体探测器内的电离过程一样。最终，全部或几乎全部初始能量都沉积在量能器中，这会在设备的探测器部分给出一个信号。比如，一个电子在吸收体内以辐射光子的方式损失能量，辐射出的光子通过在吸收体内制造电子—正电子对进一步失去能量，而这些次级电子和正电子又将辐射出更多的光子，直到生成粒子的能量降至电离损失与辐射光子所需的能量相等时的临界值之下。粒子在以上每个阶段都会通过一层探测器材料，从而使其能量得到测量。

此外，科学家还可以设计只针对某类特定粒子工作的量能器，如电子、光子或强子。在实验中经常同时用到两种量能器，一般将强子量能器设置在电磁量能器后方。强子簇射的主要原理与电磁簇射相似，但它的复杂性要比电磁簇射大得多。许多不同种类的过程对次级强子的产生都有贡献，但不是所有对总能量损失的贡献都像原子核的激发或从量能器逃逸的次级 μ 子和中微子那样能在探测器处产生可观测的信号。总的来说，对强子能量的测量准确度要比对电子和光子的测量差得多。

多组件探测器

现代粒子物理学实验会用到将许多子探测器整合在一起的大型多组件探测器。位于欧洲核子研究中心的大型强子对撞机的质子—质子对撞实验中用到的超环面仪器（ATLAS）就是其中一例。ATLAS 是"环形大型强子对撞机"的英文缩写。和军队一样，粒子物理学家喜欢使用首字母缩略词，无论它们构造得多么刻意。超环面仪器无比庞大，直径约 25 米、长约 46 米的它大约能占据巴黎圣母院内部一半的空间，重量和 100 架空的波音 747 喷气式客机差不多。从图 4-4 底部的人物可以看出超环面仪器的大小，这样的尺寸保证了对撞中产生的大量粒子能够留在探测器中。

和对撞机中用到的其他所有探测器系统一样，超环面仪器内部的子探测器被分层设置在环绕束流管的同心圆柱面上，这是因为粒子束对撞产生的粒子可能出现在任何方向。内部探测器由一个硅顶点探测器和许多径迹探测器组成，硅顶点探测器被设置在离粒子束对撞点非常近的位置以探测寿命极其短暂的粒子，径迹探测器则能够以 0.01 毫米的精度对粒子径迹进行测量。这些探测器处于磁场中，能够根据带电粒子径迹的曲率测量它们的动量。

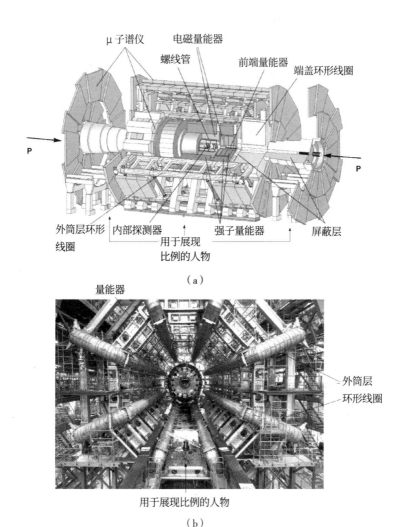

（a）

（b）

图4-4 欧洲核子研究中心大型强子对撞机内的

质子－质子对撞实验中的超环面仪器

注:（a）完成后的探测器示意;（b）施工期间的景象。

磁场之外，依序设置着通过吸收粒子以测量其能量的电磁量能器和强子量能器。巨大的 μ 子谱仪被安放在设备最靠外的区域，因为 μ 子是实验中生成的穿透力最强的带电粒子。

图 4-4（b）展示了在超环面仪器建造过程中沿粒子束方向看到的景象。图中 8 个用于制造磁场的外筒层环形线圈已安装完毕，末端的一台量能器还未被移至探测器中央。在完工后的探测器内，图片中站着一个人的空间会装满各种子探测器。对比超环面仪器和图 2-1 中盖格和马斯登使用的仪器，你就会明白粒子物理学实验在过去的 100 年间为什么能取得如此巨大的进展了。

和所有现代探测器系统一样，超环面仪器在很大程度上依赖于高效的电子设备和计算机来对子探测器进行监测和控制，并协调、分类和记录从设备各部分流入的大量数据。如果将所有数据都记录下来，相当于每秒需要写入 10 万张 CD 光盘！探测器每秒实际记录的信息大约相当于 30 张 CD 光盘的容量。超环面仪器的实验目标有很多，包括发现希格斯玻色子从而帮助解决粒子质量的起源这个粒子物理学中最突出的问题之一。超环面仪器预计还将在未来的 10 ～ 15 年间持续提供实验数据。

PARTICLE PHYSICS

第 5 章

强子和夸克模型

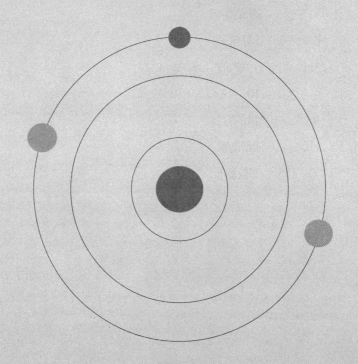

在新的强子态于 20 世纪 50 年代至 60 年代被发现后，粒子物理学家试图将所有强子都描述为由其他粒子组成的复合态。最终，粒子的夸克模型（quark model）应运而生。该模型提出了许多问题，其中最重要的是"夸克究竟在哪里"？经过 10 年的努力，粒子物理学家得出了这一问题的答案。

奇异粒子

在 π 介子被发现后不久，宇宙线实验中就出现了其他像 μ 子一样没有被理论预言的粒子：曼彻斯特大学（Manchester University）的一个研究组最先发现了这样的粒子，他们根据新发现的粒子在探测器中留下的轨迹将这种粒子称为 V 粒子。

图 5-1 展示了此类事件早期的两个实例。图 5-1（a）中，一个中性粒子在云室中衰变为两个带电粒子；图 5-1（b）中，一个带电粒子进入云室并衰变成另一个带电粒子，后者轻易穿过了云室中央

的吸收板，这意味着衰变产物可能是 μ 子。粒子轨迹在衰变点处的弯折显示至少还有另一个（中性）粒子产生，但它由于不发生电离尚未被探测到：这是一个中微子。后来在乳剂实验中发现，这些 V 粒子也可以衰变为三种 π 介子。这些实验确定了一类具有三种电荷形式（正、负和中性）的新粒子的存在，其质量约为 500 MeV/c^2，它们如今被称为 K 介子（K-meson 或 kaon）。K 介子三种不同的态分别以 K$^+$、K$^-$ 和 K^0 表示，其中 K$^+$ 与 K$^-$ 互为反粒子。中性 K 介子也有反粒子，以 $\bar{\text{K}}^0$ 表示，不过在本书截至目前所描述过的理论框架中还无法将 $\bar{\text{K}}^0$ 与 K^0 区分开来。

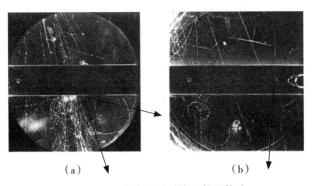

(a)   (b)

图 5-1   云室中观测到的 V 粒子轨迹

图片来源: Rochester, G.D. and Butler, C.C. 1947. *Nature*, 160, 855; reproduced by permission from *Nature*, Macmillan Publishers Ltd., copyright 1947。

20 世纪 50 年代早期，更多比核子重的粒子被发现，它们现在统称为超子（hyperon）。核子和超子都是重子。像核子一样，超子也参与强相互作用，因此它们也是更大的强子家族的成员。三种不同类型的超子以希腊字母表示：只有一种电中性形式的 Λ 粒子、有三

种电荷形式的 Σ 粒子（Σ^+、Σ^- 和 Σ^0），以及有两种电荷形式的 Ξ 粒子（Ξ^- 和 Ξ^0）。以上每种超子都有对应的反粒子。

所有超子都不稳定，会衰变为一个核子（除了 Σ^0 会衰变为 Λ 粒子）再加上至少一个其他粒子。实验中没有观测到最终衰变产物不涉及另一个重子的过程。对粒子物理学家而言，这显然意味着存在某种自然规律阻止此类衰变的发生。在观测到的核子衰变中也能看出有这样的规律在发挥作用。比如，质子不会衰变为一个正电子和一个 π 介子，尽管乍看之下似乎没有什么条件禁止这种过程发生。为了对这一类观测现象进行系统化的分析，每个重子都被赋予一个相应的量子数——重子数（baryon number）。重子数是一种内禀量子数，因为它不取决于粒子的时空性质。电荷数也是内禀量子数的一种。

重子数在所有相互作用中都守恒：相互作用前的总重子数（所有粒子的重子数之和）与相互作用后的总重子数相等，这一点类似于电荷守恒。在实际操作中，所有重子的重子数都被定义为 +1，其反粒子则是 −1，其他所有粒子的重子数都是 0。例如，在 β 衰变中，一种核子衰变成另一种核子，总重子数守恒。类似地，Λ 粒子最有可能衰变为一个质子和一个带负电荷的 π 介子（$\Lambda \rightarrow p+\pi^-$），重子数在这一过程中也保持不变。在反质子被发现后，实验中观测到质子与反质子湮灭的产物总是一个总重子数为 0 的粒子系统（$p+\bar{p} \rightarrow \pi^+ +\pi^- +\pi^0$）。重子数还将中子与反中子区别开来。

这些新粒子最有趣的特征之一在于其衰变性质。尽管超子在强相互作用中产生的概率与 π 介子差不多，但如果超子也通过强相互作用衰变，它们的预期寿命会比观测到的短得多。比如，带电 K 介子的寿命约为 10^{-8} 秒，这是弱相互作用的特征时标。带电 π 介子之所以通过弱相互作用衰变，是因为不存在更轻的介子作为强相互作用的衰变产物。然而，并没有显而易见的理由能够解释 K 介子为何不能通过强相互作用衰变为两个 π 介子——这会使它们的寿命大幅缩减至 10^{-23} 秒。

当涉及重子数时，似乎有一种新的规则在发挥作用。基于这些粒子出人意料的性质，盖尔曼将与之相关的新量子数命名为"奇异数"（strangeness, S）。K^+ 和 K^0 的奇异数被定义为 $S = +1$，Λ 和 Σ 粒子是 $S = -1$，Ξ 粒子则是 $S = -2$，相应反粒子的奇异数符号相反，其他所有粒子的奇异数都为 0。对奇异数数值的这种选择是历史上的偶然：事后看来，使用符号相反的值会更为合理。奇异数的出现令 K^0 和它的反粒子 $\bar{K}^0$ 能够被区分开来，并导致两种粒子在性质上有所不同。

确定粒子的奇异数后，物理学家总结出了选择定则（selection rule）：奇异数在强相互作用和电磁相互作用中都守恒，但它在弱相互作用中可以改变，虽然最多只能发生一个单位的变化。当奇异数在弱相互作用中发生变化时，粒子物理学家会说相应的过程打破了奇异数守恒。所有观测到的衰变都符合与奇异数有关的规则。比如，带负电荷的 Ξ 粒子能够衰变为一个 Λ 粒子和一个带负电的 π 介子（$\Xi^- \to \Lambda + \pi^-$），此过程前后的奇异数相差一个单位，但它不会衰变为一个中子和一个 π 介子（$\Xi^- \rightarrow n+\pi^-$），这一过程需要奇异数发生两个单位的变化。选择定则还解释了另一个观测现象：所谓的奇异粒子只在 π 介子及核子的强相互作用中成对出现，其中一个粒子奇异数为正，另一个奇异数为负。这一现象被称为协同产生（associated production），它解释了带正电荷的 K 介子为何会与 Σ 粒子（$\pi^+ + p \rightarrow K^+ + \Sigma^+$）而不是质子（$\pi^+ + p \nrightarrow K^+ + p$）同时产生。

尽管如今这些关于奇异数的规则在粒子物理学家眼中似乎是理所当然的，但当初，研究者耗费了整整 5 年时间才从各种粒子产生和衰变的数据中得到它们。其中重要的突破包括 1955 年盖尔曼根据观测到的带电 Σ 和 Ξ 粒子的已知性质对相应电中性粒子（Σ^0 和 Ξ^0）的预言，以及 4 年后这两种粒子在实验中被发现。另外，由于存在更轻的 $S = -1$ 的电中性超子 Λ 粒子，电中性 Σ 粒子会优先通过电磁相互作用衰变为 Λ 粒子和光子，而不是通过弱相互作用衰变为核子。对其他所有超子而言，不存在更轻的具有相同奇异数的粒子，因此它们不得不通过弱相互作用衰变。这导致电中性的 Σ 粒子的寿命比其他超子要短得多。

共振态

截至目前，我们讨论的强子类似于原子或原子核的基态。和原子及原子核一样，强子也存在激发态。这些激发态并不稳定，一般伴随着相应的特征寿命并通过强相互作用衰变至基态，除非存在其他能阻止这种衰变的原因。20 世纪 50 年代初，在芝加哥工作的费米和他的研究组最早发现了共振态（resonance）。借助新建成的回旋加速器，费米成功制造出了能量高达数亿电子伏的带电 π 介子束，并利用它与液氢靶中的质子进行了散射实验。相应现代实验的结果如图 5-2（a）所示。图 5-2（a）展示了"总散射截面"与 π 介子—核子系统的总等效质量之间的关系，其中等效质量包含粒子运动的能量。总散射截面是粒子束中单个粒子"看到"的等效靶面积，正比于发生相互作用的概率。散射截面的单位是毫靶（mb），1 毫靶等于 10^{-31} 平方米。图 5-2（a）中两条散射截面曲线均有一个非常明显的峰值，这表明相互作用在该处格外强，标志着一个共振态的形成和其随后的衰变，如今我们称它为 Δ。

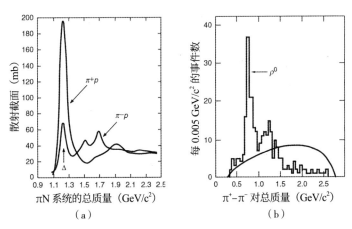

图 5-2　散射实验结果

注：(a) π 介子—核子散射截面与 πN 系统总等效质量的关系；(b) $\pi^+ + p \rightarrow n + \pi^+ + \pi^-$ 中两个 π 介子总等效质量的直方图。

我们要如何确定这个粒子是通过强相互作用衰变的呢？它的预期寿命约为 10-23 秒，即使利用最先进的电子技术也无法对这么短的时间间隔进行直接测量。散射截面的图像与处于激发态的原子及原子核谱线类似。对原子和原子核而言，谱线宽度以能量为单位，用 ΔE 表示——Δ 在这里的意思是"小"，它表示激发态的宽度与质量相比非常小。谱线的形成源自激发态的衰变，其宽度与激发态的寿命 t 有关。具体而言，根据海森堡不确定性原理，激发态宽度 ΔE 与寿命 t 的乘积不能小于 $\hbar/2$。从图 5-2（a）中可以得出，π 介子—核子散射中的 ΔE 值大约在 1 亿电子伏特。因此，共振态的寿命约为 10-23 秒，这意味着相应的粒子通过强相互作用衰变。如果一个共振态能够通过强相互作用衰变，通常会标示它的宽度而不是寿命，因为前者更容易测量。

以 Δ 表示的 Δ 共振态（与不确定性原理中的 Δ 没有任何关系！）存在 4 种电荷形式，分别是 Δ^{++}、Δ^{+}、Δ^{0} 和 Δ^{-}，这里上标"++"意味着相应的粒子带有两个单位的正电荷。对其衰变产物的后续分析发现，Δ 的自旋是 $\frac{3}{2}$（以 $\hbar$ 为单位），这是自旋大于 1 的粒子首次被发现。

在费米的实验之后，对粒子对撞终态产物数量上的增幅进行研究成为寻找共振态的标准手段，并带来了众多强子共振态的发现。20 世纪 60 年代中后期是发现共振态的"黄金时代"，当时研究者正开始利用计算机处理新一代加速器生成的大量数据。其中一个例子是图 5-2（b）的介子共振态，图中展示了一个 π 介子和一个质子生成的两个 π 介子（$\pi^+ + p \to n + \pi^+ + \pi^-$）的总等效质量，曲线代表在没有生成共振态的情况下的预期事件分布。可以看出事件数在 760 MeV/c² 的质量附近有一处明显的增幅，这是被称为 ρ 介子的自旋为 1 的共振态产生和衰变所造成的。

复合模型和八重法

随着包括共振态在内的新粒子数量的迅速增加，粒子物理学家开始寻找能够解释这些粒子以及相应量子数的统一模型。一些研究者尝试用更少的基本粒子来解释已知的强子，物理学家对这种研究手段并不陌生。在奇异粒子被发现之前，费米与理论物理学家杨振宁曾提出过一个将 π 介子解释为核子与反核子结合而成的复合态的模型。

尽管该模型对 π 介子的一些性质做出了解释，但它直到奇异粒子被发现才开始得到关注。当时，日本理论物理学家坂田昌一（Shoichi Sakata）利用核子、Λ粒子以及它们的反粒子作为基本粒子，并将这种想法推广至奇异粒子。例如，K 介子在坂田的模型中由一个 Λ 粒子和一个反核子构成，以 K =（ΛN̄）表示，带有相应电荷的 K 介子通过选择不同类型的核子给出。模型预言了八种轻介子的存在，尽管当时只发现了其中七种（三种带电 π 介子，以及两种 K 介子和它们的反粒子）。1961 年，后来被称为 η 介子的另一种中性粒子被发现，证实了坂田的预言。

　　然而，坂田的模型对重子的解释就没那么令人信服了。在坂田提出其理论之时，多数物理学家认为一个好的理论应当将所有强子置于平等的位置。出现这种"粒子民主"观点的部分原因在于为强相互作用构造量子场论的尝试遭遇了失败，而坂田的模型并不"民主"。例如，Σ粒子在模型中是由一个Λ粒子、一个核子和一个反核子构成的，即Σ=(ΛN$\bar{N}$)。然而Σ粒子和Λ粒子都是超子，彼此性质相似，坂田的这种选择背后似乎并没有明确的理由来支持。

　　同一时期，盖尔曼和以色列理论物理学家尤瓦勒·内埃曼（Yuval Ne'eman）于1960至1961年在对观测到的强子谱进行解释的工作中取得了重大突破。盖尔曼和内埃曼研究了自旋$\frac{1}{2}$的重子的奇异数及电荷数，他们发现在将这些粒子以图5-3（a）的形式排列在一起时，多重态中的八个粒子在图中构成了一个六边形。对自旋为0的π介子和K介子进行相同的操作同样会得到一个如图5-3(b)所示的六边形，只不过这次图形中央的位置少了一个粒子。要想让两张图中的粒子排布模式保持一致，必须存在一个额外的中性介子。在盖尔曼和内埃曼构造出这些图后不久，符合要求的η介子就被发现了。

　　盖尔曼在其职业生涯中为各类理论和现象想出的名字向来令人难忘。这一次，他将这些粒子的八重排布模式命名为八重法

（Eightfold Way），暗示着佛教中的八正道。

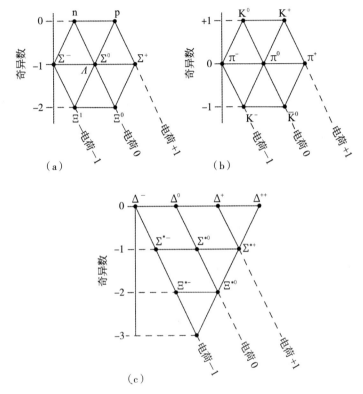

图 5-3　观测到的部分强子多重态

　　盖尔曼和内埃曼的数学理论令两人相信重子多重态也能自然地分布在一张类似的图中，由 10 个粒子构成规则的十重（decuplet）排布模式。在图 5-3（c）被绘制出来时，已知的九种重子共振态自旋均为 $\frac{3}{2}$，Δ 是其中之一。盖尔曼和内埃曼又一次预言了图中缺失粒子的内禀量子数。盖尔曼还进一步对这个粒子的质量做出了预测，因为他发现奇异数每降低一个单位，粒子的质量就会增加约 150 MeV/c^2。种种性质显示，共振态中缺失的是一种带负电荷的重子，它的奇异数为 -3，质量是 1 680 MeV/c^2，盖尔曼将其命名为 Ω^-。盖尔曼的大胆预言常被与门捷列夫在构造元素周期表的过程中留出的空白相提并论：元素周期表中，后来发现的镓、锗和钪填补了空缺。

除了 Ω^- 和通过电磁相互作用衰变的中性 Σ 粒子，盖尔曼—内埃曼十重态排布图中的粒子均通过强相互作用衰变，伴随着相应的特征衰变时间。这些共振态各自对应着一种具有相同 S 值的基态重子，因此奇异数在衰变过程中守恒。然而，对 Ω^- 而言，既没有 $S=-3$ 的基态重子，也不存在任何能量守恒定律所允许的更轻的 $S=-3$ 的多粒子态，因此 Ω^- 只能通过弱相互作用衰变。由于选择定则规定了奇异数一次最多只能改变一个单位，Ω^- 被预言会发生多级衰变。

为了检验这些想法，美国纽约州布鲁克海文国家实验室（Brookhaven National Laboratory）的一个团队借助液氢气泡室着手寻找量子数和衰变特征符合有关 Ω^- 预期的粒子。他们找到了一种质量与预测值几乎完全吻合的粒子。图 5–4 的照片记录下了这个粒子产生和衰变的过程。图 5–4 左半部分，带负电荷的入射 K 介子与质子发生相互作用，生成 Ω^- 和一个带正电荷的 K 介子。液氢气泡室中均匀的磁场使带电粒子的径迹发生弯曲，从而令实验团队能够确定各个粒子所带的电荷量。由于奇异数在强相互作用中守恒，实验团队据此推测相互作用中生成的另一个粒子是电中性的 K 介子。图

5-4 的右半部分展示了这一相互作用（$K^- + p \rightarrow \Omega^- + K^+ + K^0$）。与带电粒子不同，电中性的 K 介子不会留下电离径迹，因此以一条虚线表示。新生成的 Ω^- 先运动了一小段距离，然后通过弱相互作用衰变（$\Omega^- \rightarrow \Xi^0 + \pi^-$），奇异数在这一过程中发生了一个单位的变化。与 K^0 类似，以虚线表示电中性的 Ξ 粒子运动一段距离后衰变为两个电中性粒子的过程也以虚线表示，这两个粒子分别是一个 Λ 粒子和一个电中性 π 介子，它们均不会留下电离径迹。Λ 粒子和电中性 π 介子是通过如下方式被探测到的：Λ 粒子通过弱相互作用衰变为一个质子和一个带负电荷的 π 介子（$\Lambda \rightarrow p + \pi^-$）；电中性的 π 介子则衰变为两个光子，两者都会生成能够被探测到的电子—正电子对。电荷数和重子数在以上所有过程中都守恒。这张图像向我们粗略地展示了在数千张液氢气泡室照片中正确识别出复杂事件所需的技巧。

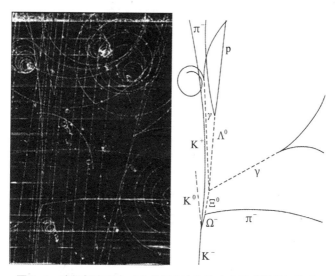

图5-4 液氢气泡室中 Ω^- 共振态产生和衰变形成的特征轨迹

夸克模型

受八重法启发，盖尔曼和年轻的美国理论物理学家乔治·茨威格（George Zweig）在 1964 年分别意识到，如果所有已知的强子都是由三种更小的实体所构成的复合态，那么粒子多重态被观测到的排布模式将自然出现。尽管盖尔曼和茨威格的推导过程十分不同，但他们得到了相同的结论。茨维格管这些组分叫"（扑克牌中的）A"；盖尔曼则称其为夸克，他的灵感源自詹姆斯·乔伊斯（James Joyce）鲜少有人阅读（在很大程度上也晦涩难懂）的作品《芬尼根的守灵夜》（Finnegans Wake）中的"给马克先生三个夸克！"。据说，"夸克"一词在书中指的是主人公的三个孩子；主人公有时被称为马克先生，在盖尔曼的叙事中他大概对应着质子。据盖尔曼本人所说，他单纯只是喜欢"夸克"一词的读音，这让他联想到鸭子。三种夸克分别是上夸克、下夸克和以 s 表示的全新的奇夸克，每种夸克的整体性质决定了它的味（flavour）。顾名思义，奇夸克的奇异数 $S = -1$，另外两种夸克的奇异数则为 0。

在夸克模型中，重子由三个被强相互作用结合在一起的夸克组成（qqq），其中 q 最初可以是上、下或奇夸克中的任意粒子。由此可以直接得出夸克一些令人惊讶的性质：它们带有非整数的电荷数和重子数：以电子所带电荷量为单位，上夸克的电荷数是 2/3，下夸克和奇夸克是 −1/3；三种夸克的重子数都是 1/3。涉及夸克电荷的这一发现不仅完全出人意料，而且似乎直接违背了美国物理学家罗伯特·密立根（Bobert Millikan）在 1910 年至 1913 年进行的经典实验的结果。密立根发现，单个电子所携带的电荷是电荷量的最小单位，而其他粒子的电荷量都是电子的整数倍。不过，如果我们暂且忽略这一问题，以上三种夸克可能组成的所有复合态的内禀量子数都能够被直接计算出来。表 5-1 展示了这些由夸克簇构成的重子的奇异数（S）和电荷数（Q）。对于自旋 $\frac{3}{2}$ 的十重态，实验结果与理论预测再一次实现了完美的匹配。自旋 $\frac{1}{2}$ 的八重态在不考虑其中全部三种组分都相同的夸克簇时也是如此。

表 5-1　涉及上夸克、下夸克和奇夸克的强子多重态的理论夸克构成

强子多重态	重子				介子			
	S	Q				S	Q	
uuu	0	2	Δ^{++}		u$\bar{\text{s}}$	1	1	K^+
uud	0	1	Δ^+	p	d$\bar{\text{s}}$	1	0	K^0
udd	0	0	Δ^0	n	u$\bar{\text{d}}$	0	1	π^+
					u$\bar{\text{u}}$			
ddd	0	-1	Δ^-		d$\bar{\text{d}}$	0	0	π^+, η^0, η'^0
					s$\bar{\text{s}}$			
uus	-1	1	Σ^{*+}	Σ^+	d$\bar{\text{u}}$	0	-1	π^-
uds	-1	0	Σ^{*0}	Σ^0, Λ	s$\bar{\text{u}}$	-1	-1	K^-
dds	-1	-1	Σ^{*-}	Σ^-	s$\bar{\text{d}}$	-1	0	$\bar{K}^0$
uss	-2	0	Ξ^{*0}	Ξ^0				
dss	-2	-1	Ξ^{*-}	Ξ^-				
sss	-3	-1	Ω^-					

夸克模型中的介子是由一个夸克和一个反夸克组成的复合态（q$\bar{\text{q}}$），这里的 q 可以是上夸克、下夸克或奇夸克中的任意粒子。由此可以构造出所有可能存在的介子态，与重子的情况相似。夸克模型预言了九种介子，也就是九重态（nonet），这与盖尔曼的八重法相悖。然而，后来发现了第九种名为 η' 的粒子，九重态的存在因此得到了确认。

另一个同样重要且值得注意的有关介子和重子的事实是，没有任何已知的粒子态违背夸克模型简单的假设。例如，不存在任何 $S = -2$ 的已知介子或 $S = +1$ 的已知重子。

夸克的自旋又如何呢？如果重子由三个夸克组成，就意味着夸克必须是费米子。由于自旋在总和不为负的前提下可以相互加减，三个自旋 $\frac{1}{2}$ 的夸克的总自旋可以是 $\frac{1}{2}$（将其中两个夸克的自旋相加，再与第三个相减）或 $\frac{3}{2}$（全部三个夸克自旋相加）。自旋 $\frac{1}{2}$ 的重子对应着八重态中的粒子，它们在夸克模型中形成了一个多重基态，具有特定夸克组成所能携带的最低能量。自旋 $\frac{3}{2}$ 的重子对应着由共振态形成的十重态。在自旋 $\frac{1}{2}$ 的八重态中出现了两个被观测到具有 uds 结构的粒子，这是因为不同于涉及至少两个同类型夸克的情况，当三个夸克的味各不相同时，泡利不相容原理并不对复合粒子做出限制。对重子而言，三个夸克有两种方式可以给出 $\frac{1}{2}$ 的总自旋：第一种情况中，一对夸克的总自旋可以是 0，将其与第三个夸克的自旋相加就会得到 $\frac{1}{2}$ 的结果；第二种情况中，前两个夸克的自旋之和可以是 1，与第三个夸克的自旋相结合将得到 $\frac{1}{2}$ 或 $\frac{3}{2}$ 的总自旋。

对介子而言，一个自旋同样为 $\frac{1}{2}$ 的夸克和一个反夸克总自旋可以是 0（两个自旋相减）或 1（相加）。总自旋为 0 的情形对应着九重基态，总自旋为 1 的情形则是由自旋为 1 的粒子形成的九重激发态，图

5–2（b）中的 ρ 介子就是其中之一。实验观测到了九重激发态中的其他所有粒子。值得强调的是，简单的夸克模型并未预言任何在自然界中没有出现的粒子，也没有任何模型未能预言的粒子被观测到。

与原子中的电子类似，夸克除了自旋还可以有轨道角动量，额外的轨道角动量也将使夸克的能量增加，从而形成自旋更高的较重的重子共振态，例如我们在图 5–2（a）的 π 介子——核子散射截面中看到的那些粒子。从谱线中得出的有关自旋更高的共振态的预言全部在实验中得到了证实。

虽然夸克理论在早期取得了各种成功，但由于未能观测到自由夸克的存在，物理学界最初对夸克存在的真实性持有严重怀疑态度。大多数物理学家将夸克视为一种便捷的数学描述，而非实际存在的粒子。从盖尔曼当时的文字来看，他本人也倾向于支持这种观点，尽管他在后来淡化了这段往事。另一边，茨威格在构建夸克理论的过程中采取了更为直观的方式，他曾公开表示自己相信夸克是真实存在的粒子。茨威格为这份坚持付出了高昂的代价：他向美国顶级刊物提交的论文遭到了审稿人的强烈反对，他最终在愤怒中撤回了它。直到 16 年后，这篇论文才得以全文发表。早早预见到此类问题的盖尔曼已审慎地将自己的论文提交至一份不那么知名的刊物。

简单的夸克模型看上去能够极为准确地解释粒子世界。比如，具有 qqqqq 结构的重子的内禀量子数会与 qqq 结构的重子相同，因为前者多出来的夸克 – 反夸克对中的两个粒子的量子数会彼此抵消。类似地，具有 qqqqq̄ 结构的介子的量子数会与 qq̄ 结构的介子相同。偶尔会有实验团队宣称发现了此类结构较为复杂的粒子，但其结果从未得到证实。科学家得出的结论是，只存在简单夸克模型中的粒子，尽管这没能回答模型为何如此有效的问题。

色

在夸克模型创立之初，驳斥它最简单的论据之一是从未有夸克被观测到的事实。质疑者还有另外的根据：夸克模型的框架中隐含着一个复杂的问题。夸克模型解释了一系列粒子包括奇异数在内的内禀量子数和自旋这种动力学量子数，但我们还没有考虑过将这些量子数结合在一起的后果。这需要用到泡利不相容原理。泡利不相容原理指出，同类型的两个费米子不能具有完全相同的一组量子数。因为夸克是费米子，泡利不相容原理也适用于夸克。

由此引发的问题可以从表 5-1 中那些自旋为 $\frac{3}{2}$ 的重子中看出。例如，Ω^- 由三个奇夸克构成，因为这是唯一能给出 $S = -3$ 的组合，这三个夸克的内禀量子数都相同。但由于 Ω^- 的自旋是 $\frac{3}{2}$，三个夸克的自旋也必须完全相同，而这违背了泡利不相容原理。Ω^- 并没有什么特别之处，事实上，重子普遍存在这样的问题。比如带有两个单

位电荷的 Δ 共振态（Δ^{++}）是由三个自旋方向相同的上夸克构成的。和 Ω^- 一样，这种粒子也不应该存在！

我们在讨论自旋为 $\frac{1}{2}$ 的重子时也是出于以上原因排除了三个夸克组分都是同一类型的情况。为了确保重子具备正确的自旋，其中两个夸克的自旋必须指向相同的方向，第三个夸克的自旋则与前两个夸克方向相反。不考虑这样的组合则意味着三个夸克的自旋方向必须全都相同，即只允许违背泡利不相容原理的结构存在。然而，原子物理学中存在大量支持泡利不相容原理的证据，粒子物理学家必须找到其他解决方案。

没过多久，美国物理学家奥斯卡·格林伯格（Oscar 'Wally' Greenberg）就借助粒子物理学家的"老办法"解决了这一问题：他发明了一个新的量子数，并天马行空地将其命名为色（colour）。格林伯格假设，夸克存在三种不同的色态，如今我们按光的三原色分别称它们为红色、蓝色和绿色。类似地，相应的反夸克被赋予三种"反色"：反红色、反蓝色和反绿色。粒子物理学语境中的色显然与我们在视觉上体验到的颜色无关。格林伯格进一步指出，强子中的夸克各自处于不同的色态之中：重子包含一个红色、一个蓝色和一个绿色的夸克。这样一来，三个夸克不再完全相同，也就不会违背泡利不相容原理了！好比对真实的色彩而言将光的三原色组合在一起会得到白光，观测到的重子也处于所谓的无色态（colourless）；由某种色的夸克和相应反色的反夸克构成的介子也是无色的。由格林伯格提出的这一可观测态必须是无色态的现象被称为色禁闭（colour confinement），它直接解释了为何 $qqq\bar{q}$ 或 qq 结构的夸克簇以及其他电荷数为分数的粒子从未在实验中被观测到。然而，色禁闭并不能为不存在形如 $qqqq\bar{q}$ 的粒子给出理由。

除了作为一种恢复与泡利不相容原理一致性的便捷手段，色究竟是什么？ 1972 年，德国理论物理学家哈拉尔德·弗里奇（Harald Fritzsch）、他的瑞士合作者海因里希·洛伊特维勒（Heinrich Leutwyler）以及盖尔曼一同提出，色或许在强相互作用中扮演着类似于电磁相互作用中的电荷的角色。与电荷"同性相斥，异性相吸"的规则一样，"色荷"也会与相应的"反色荷"相互吸引，从而产生稳定的夸克对，其中两个夸克带有相反的色荷：这样形成的粒子是介子。此外，由于三种色荷彼此吸引，也会存在由三个色荷不同的夸克组成的粒子：重子。

到了 20 世纪 60 年代中期，粒子物理学家一致认为结合了新的色量子数的简单夸克模型能够很好地解释观测到的包括基态和共振态在内的强子谱。在引入奇异数解释 K 介子与超子产生和衰变的数据时伴随而来的其他一些预言后来也通过实验得到了验证，虽然我们尚不清楚奇异数存在的原因。不过，色量子数纯粹是为了避免违背泡利不相容原理而被提出的，它必须在其他情况下得到验证。我们将在下一章中看到这些有关夸克的难题是如何被解决的。

PARTICLE PHYSICS

第 6 章

量子色动力学，喷注和胶子

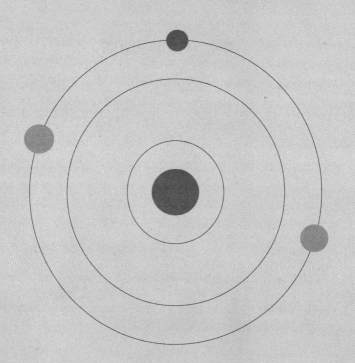

在色荷被引入后，找到夸克存在的直接证据变得至关重要。这样的证据来自轻子被质子散射的实验以及对电子和正电子湮灭的研究。确认夸克存在色荷使得构建包含夸克相互作用的实用的量子场论成为可能。

夸克存在的直接证据

夸克模型在解释强子谱上的成功是夸克存在的有力间接证据，但物理学家仍想看到更为直接的证据，其中最理想的是证明自由夸克的存在。最初，物理学家认为如果对强子施加足够的能量，就能克服强核力产生自由夸克，类似于原子的电离或原子核的分裂。

实验物理学家尝试以高能"炮弹"粒子轰击质子，结果只生成了更多诸如 π 介子的粒子：没有夸克被释放出来。一些物理学家指出，夸克或许非常重，而加速器不具备足以克服强核力的能量。他们认为在这种情况下，自由夸克也许会出现在由宇宙射线诱发的碰撞中：一些已知的宇宙射线拥有远高于人造加速器的能量。夸克带有非整数电荷意味着自由夸克必须是稳定的，因为不存在更轻的带有非整数电荷的粒子令夸克进行衰变。由此引发了一系列针对夸克可能藏身之处的离奇搜索，其中甚至包括深海的淤泥以及碾碎的牡蛎壳，但仍没有任何自由夸克被发现。困惑的物理学家在会议中探讨了夸克的"意义"。据传记作者说，盖尔曼厌倦了这种讨论，他让一位医生朋友开具了一份假的医疗报告，说他不能再参与此类谈话，因为"哲学有害于他的健康！"

1968 年，加利福尼亚州的斯坦福直线加速器中心终于找到了夸克存在的第一个直接证据。该实验本质上是对 50 年前发现了原子核存在的实验的重复，但用到的"炮弹"是其他具有更高能量的粒子：通过将一束阿尔法粒子打到金原子核上并对被散射的粒子的分布进行观测，卢瑟福、盖格和马斯登研究了原子内部的电荷分布。基于距离与能量之间的关系，为了对强子的结构进行探测，需要用到比早期实验能量高得多的"炮弹"，其能量在 GeV 量级。斯坦福直线加速器中心有能力实现如此高的能量。起初，实验团队研究了被质子散射的电子。这样的实验被称为深度非弹性散射（deep inelastic scattering），因为"炮弹"粒子深入探测了质子的结构，而非仅仅进行弹性散射。被研究的相互作用以 $e^- + p \rightarrow e^- + X$ 表示，其中 X 代表生成的许多强子。后续实验用到了 μ 子作为"炮弹"。

类似于卢瑟福及其同事所做过的实验，一项对被散射的轻子分布的研究很快证实，质子的电荷分布并不均匀。事实上，质子由三个小得多的部分组成。它们最初被称为部分子（parton）而不是夸克，因为夸克的存在仍有争议。为了证明部分子就是夸克，实验物理学家需要找出这些部分子的量子数，并证明它们与夸克的预测值相同，也就是 $\frac{1}{2}$ 的自旋和非整数的电荷数。为此，实验需要用到不带电并且只参与弱相互作用的中微子作为"炮弹"。在接下来的几年中，许多实验室利用巧妙制备的中微子束进行了深度非弹性散射实验。带电及中性轻子散射实验的数据表明，部分子具有与夸克相同的性质。

图 6-1 的费曼图描述了有关反应：图（a）中用作"炮弹"的粒子是电子，图（b）中是中微子，中微子的下标 μ 会在下一章中讲到。在图 6-1（a）中，用于探测质子结构的是被交换的光子，图 6-1（b）中则是一个 W 玻色子，因为中微子的散射是弱相互作用。从左侧进入的靶质子由三个夸克组成，被交换的粒子与单个夸克发生相互作用，其他两个夸克并不参与其中——它们被称为旁观者（spectator）。这与原子核的 β 衰变过程类似，在 β 衰变中，一个核子转化为另一种核子，而其他核子保持不变。在图 6-1 的两种情况中，被散射的夸克和旁观者夸克均对整体的强子产生有所贡献，这样的过程名为强子化（hadronisation）。一开始，这种对反应的解释被称作部分子模型，但现在一般称其为夸克—部分子模型（quark-parton model）。它很好地解释了数据，并且是旁观者模型的一种，在这类模型中只有单个夸克参与相互作用。

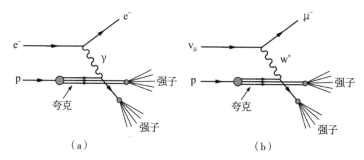

（a）　　　　　　　　　　（b）

图 6-1　夸克 – 部分子模型中电子和中微子的深度非弹性散射

核子中存在夸克的发现并非完全出乎物理学家的意料。话虽如此，实验还是带来了许多惊喜。首先，夸克不仅不重还相当轻，其质量不及质子的 1/3。你可能很好奇，在没有自由夸克可供"称量"的情况下"质量"到底意味着什么。这个问题值得花时间稍做思考。

以电子为例：在量子电动力学中，电子不断释放并重新吸收虚光子，而这些光子又会不断创造并再次吸收虚电子—正电子对，以此类推。当科学家为电子"称重"时，其实是在测量它的等效质量，其中也包括了这一团粒子对总能量的贡献。我在之前有关费曼图的讨论中介绍过这些虚粒子，它们不会在初始或最终状态中出现在实验室内。图 6-1 中被交换的光子和 W 玻色子也是虚粒子。夸克的等效质量中包含了成团的强相互作用等效载力子以及它们进一步制造出的虚夸克—反夸克对海带来的效应。对核子中的夸克（上夸克和下夸克）而言，这样的贡献并不小。因此在提到夸克质量时，我们既可以像上文提到的那样给出从对强子的研究中得出的等效质量（通常被称为组分质量），也可以使用不考虑这些贡献的理论质量——后者要小得多，只有数个 MeV。

其次，深度非弹性散射实验还显示，随着"炮弹"的能量增加到能够对质子更深层的结构进行探测，夸克竟表现得像是被困在质子内部的自由粒子。大概所有的强子都具有这一性质。最后，如果质子仅由三个夸克组成，理论上这些夸克的动能之和必须与质子的动能相等，高速运动的质子内部的每个夸克将带有质子约 1/3 的动能。观测到的结果再一次违背了物理学家的预期：单个夸克的动量被发现因事件而异。此外，质子内夸克的动量之和与质子的动量并不相等，而是只有后者的大约一半。因此，其他粒子携带着质子的很大一部分动量：这些粒子是胶子。

色荷存在的直接证据

虽然已经有了强子中存在夸克的直接证据，但色荷的存在仍有待证实。决定性证据来自正负电子对撞实验。当电子和正电子相撞时，两者湮灭并生成一个虚光子，只要能量守恒定律得到满足，光子可以继而制造成对的物质粒子和反粒子，包括 μ 子与反 μ 子以及各种味的夸克与反夸克。这些夸克和反夸克并非自由粒子，而是根据初始粒子的能量不同以各类强子的形式成簇出现。以符号语言表示，两个反应分别是 $e^+ + e^- \rightarrow \gamma \rightarrow \mu^+ + \mu^-$ 以及 $e^+ + e^- \rightarrow \gamma \rightarrow q + \bar{q}$。两者皆为电磁相互作用过程，它们在高能的主要区别在于终态粒子所带的电荷。粒子电荷数的平方决定了此类反应发生的速率: $q - \bar{q}$ 对与 $\mu^+ - \mu^-$ 对的产生率之比 R 等于两个夸克电荷数的平方之和。由于强子化效应，夸克对的产生率实际上是对强子产生率的测量。假设初始轻子仅有足够的能量制造出上夸克、下夸克、奇夸克以及相应的反粒子，并参考这些粒子的理论电荷值，R 的值应当为 2/3。然而，这样的计算完全没有将色荷考虑在内。如果色荷是夸克真实存在的性质，那么生成的每个夸克及反夸克带有三种色荷中任意一种的概率都是相同的。这是因为，尽管光子在带电粒子间进行了交换（与带电粒子耦合），但它完全"无视"色荷的存在。因此，R 的预言值需要再乘上色荷的种类 3，最终得出 $R = 2$ 的结论。

第一个检验色荷存在的实验于 1970 年进行，后续的实验数据大幅降低了剩余的不确定性。实验结果一致排除了 2/3 的产生率之比，且符合 $R = 2$ 的情况。明确存在的色量子数说服了为数不多仍对夸克心存疑虑的人，并为有关强相互作用的量子场论奠定了基础。

量子色动力学

描述夸克间相互作用的量子场论是通过与量子电动力学的类比构造而成的，而量子电动力学是有关电磁相互作用的理论。新理论假设夸克通过交换自旋为 1 且没有质量的粒子进行相互作用，后来发现这些粒子是胶子。正如电荷导致了电磁相互作用的产生，夸克间的相互作用是由色荷引起的。理论因此被命名为量子色动力学

（quantum chromodynamics，QCD），这个名字也是盖尔曼的主意。

量子色动力学与量子电动力学有许多相似之处。两个理论中的载力子均是自旋为 1 的玻色子，并且两者都具有规范不变性。胡夫特的工作显示，量子色动力学是可重整化的，这意味着它不受之前构造量子场论的尝试中出现的各种无穷问题所困扰。夸克簇之间的强核力也与在原子某些特定能级中见到的电磁力类似。原子内不仅有电子和质子所带电荷产生的相互作用，还存在电子、质子以及中子内禀磁矩之间的相互作用，这会令原子能级发生轻微的位移。

电中性的中子为什么会带有磁矩呢？关键在于粒子自旋的方向决定了其磁矩的符号。中子是由三个夸克组成的复合粒子，尽管这些夸克所带的电荷必须恰好抵消以得到零电荷的中子，但它们的磁矩却无法抵消。三个夸克的自旋合在一起必须给出正确的中子自旋，也就是说它们的自旋不能全部指向同一个方向。

在最简单的原子——氢原子中，磁相互作用对能级造成的改变非常小，或正或负，取决于电子及质子的自旋方向：两者的总自旋为 1 时能量升高，总自旋为 0 时能量降低。强子中也存在由组成它们的夸克之间的磁相互作用引起的类似效应。例如，包括 ρ 介子在内的自旋为 1 的八重共振态比自旋为 0 的八重基态重（图 5-3）。类似的效应在介子中更为明显，因为它们比原子小得多，夸克间远强于电磁相互作用的强相互作用又进一步加深了这一区别。结果是，电磁相互作用的耦合常数 α 的值约为 1/137，而强相互作用的耦合常数 α_s 大约是前者的 40 倍。

量子色动力学与量子电动力学有许多共通点，但它们之间也存在着巨大的差别。首先，尽管光子耦合至带电粒子，它本身并不带电，因此不直接与其他光子耦合。而在量子色动力学中，与光子对应的胶子耦合至带色荷的夸克。电荷在相互作用的过程中必须守恒，色荷也是如此。如果带有某种色荷的夸克转化为另一种夸克（比如从红色到蓝色），被交换的胶子所带的色必须是两者的结合（在这种情况下为红—蓝色）以维持色荷的平衡。这样一来，拥有色量子数的胶子能够直接与其他胶子耦合。从带有特定色荷的夸克的所有转化形式可以推出胶子八种可能的色荷组合，也就是说，一共存在八种不同类型的胶子。量子色动力学的理论较之量子电动力学更为复杂，后者仅涉及正负两种电荷与光子一种载力子。必须强调的是，在强相互作用中，色荷决定了力的强度而不是夸克的味。强相互作用与味无关，正如强核力与电荷无关一样。

胶子能够直接耦合至其他胶子的事实带来了一种有趣的可能性：如果力足够强，将出现由胶子无色的组合形式构成的不违反色禁闭的粒子。这样的粒子被称为胶球（glueball）。物理学家尝试以实验寻找胶球，其中的障碍主要在于很难利用量子色动力学对粒子的质量进行预测。现有结果显示，胶子之间的力足以维持粒子簇的稳定。不巧的是，计算同样发现，如果胶球存在，它的质量将十分接近几种标准的电中性介子共振态（夸克—反夸克簇）。实验证明，想从这些态中找出潜在的胶球相当困难。截至目前，物理学家尚未得到胶球存在的确切证据，但有一些细微的证据指向可能是夸克簇或胶球的态，即所谓的介子混杂态（hybrid meson）。如果胶球真的存在，它将有助于增进我们对量子色动力学的了解。

其次，胶子能够直接与其他胶子耦合这一简单事实也令量子色动力学表现出了与量子电动力学至关重要的差异。虽然量子电动力学中的耦合系数 α 被称为电磁耦合常数，但它并非恒定不变。事实上，受带电粒子周围虚粒子云的影响，耦合系数会随着能量的升高，也就是距离的缩短而略微增大。虚粒子云对带电粒子电荷的屏蔽效应改变了这个带电粒子（在其他带电粒子看来）的等效电荷。这一现象是量子电动力学的内禀性质。在量子色动力学中，也有类似的由胶子和夸克—反夸克对构成的虚粒子云。然而，由于量子色动力学中存在胶子—胶子相互作用，虚粒子云实际上会导致一种"反屏蔽"效应，从而使强相互作用的耦合系数 α_s 随能量的升高而降低。基于以上原因，这些耦合系数通常被称为"跑动"耦合常数（"running" coupling constant）。

强相互作用耦合系数的这种变化解释了在用高能"炮弹"粒子探测强子时，组成强子的夸克为什么表现得像是自由粒子：夸克间的耦合系数会随着能量的增加，即距离上探测精度的上升而减小。这一现象被称为渐近自由（asymptotic freedom），因为夸克在无限大的能量下会成为自由粒子。此外，额外的相互作用同样解释了夸克为何永远被困在强子之中——随着夸克彼此远离，它们之间的相互作用会不断增强。这有点像是在拉扯一根有弹性的弦：根据经典物理学中的胡克定律（Hooke's Law），随着弦被拉得越来越长，正比于其伸长量的回复力不断抵抗着拉抻，直到弦崩断成两截。在量子色动力学中则不会出现两个自由夸克。事实上，不断增加的相互作用力阻止了夸克被分开，直至它们之间的胶子场产生的能量足以形成新的强子，这一过程中夸克始终被束缚着。量子色动力学的这种性质有个相当戏剧化的名字：红外奴役（infra-red slavery）。

实验支持了具有色量子数的夸克通过交换带色荷的胶子进行相互作用的这一图景。一项涉及深度非弹性散射实验的结果最先给出了强子中存在夸克的直接证据。用于解释这些实验的部分子模型假设被束缚的夸克之间不存在相互作用。不过，在量子色动力学中，我们必须将这些通过交换胶子进行的相互作用考虑进来。

额外的效应有两个：首先，与轻子发生相互作用的对象不仅仅是构成质子的三个夸克的其中之一，还有夸克周围环绕着的虚夸克和反夸克海；其次，强相互作用耦合常数的能量依赖性也不能被忽略。基于量子色动力学的修正在有关深度非弹性散射实验数据的预言上会造成细微的差别，后续精度更高的实验证实了这样的影响。

另一份证据来自测试夸克是否带有色荷的实验。早期实验试图确定两个固定的比值之一（取决于色荷是否存在）。后来更高能标下

的实验发现了这个比值微弱的能量依赖性。图 6–2 展示了在 10 GeV
至 40 GeV 的能量区间进行的实验所测得的比值 R。在这样的能量下
可以生成比上夸克、下夸克和奇夸克更重的夸克，因此 R 的值较大。
随着夸克和反夸克加速远离生成点，它们辐射出光子和强相互作用
的载力子胶子。夸克之所以会辐射出光子是因为它们带电。光子辐
射可以通过电磁耦合常数 α 进行计算，而胶子辐射则可以利用强相
互作用耦合常数 α_s 计算。正是这些效应导致了 R 具有能量依赖性。

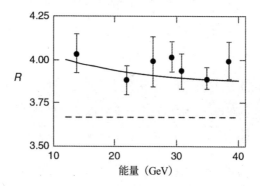

图 6–2　正负电子（e^+e^-）湮灭中强子与 μ 子产生截面的比值 R

在研究所涉及的能量区间，强相互作用耦合常数的变化尤其明
显。图 6–2 中的实线代表了包含这些修正的预言，虚线则是简单部
分子模型的预言，两者都假设了色荷的存在。没有色荷，两种预言
的值都必须除以 3，这样一来就与实验数据完全不符了。

有更多带色荷的夸克通过交换带色荷的胶子发生相互作用的例
子。即便涉及无法利用微扰理论从基本原理进行计算的过程，量子

色动力学也能够为实验分析提供详细的理论框架。量子色动力学通过了每一次检验，其预言与实验数据吻合，精度超过千分之一。尽管现有的证据仍不及量子电动力学，但它们已经相当令人信服。最理想的情况下，物理学家希望得到对夸克色禁闭的数学证明。不过，和有关胶球的计算一样，这一目标目前还未能实现。

喷注和胶子存在的直接证据

尽管量子色动力学很快被证明能够成功地解释各种试验结果，但物理学家仍需找到胶子存在的直接证据。遗憾的是，自由胶子和自由夸克一样不可能被探测到。胶子带有色荷，色禁闭因而禁止自由胶子的存在。不过1979年，德国汉堡德国电子加速器（Deutsches Elektronen-Synchrotron，DESY）实验室的正负电子对撞机进行的正负电子湮灭实验中出现了胶子存在的直接证据。后续其他对撞机进行的实验确认了这一发现。利用电子与正电子对撞相较于利用涉及质子的相互作用的效率要高，因为重子数守恒的条件意味着总会有能量被浪费在从质子靶生成重子上。

在正负电子湮灭时可能产生成对的夸克及反夸克。随着这些夸克和反夸克逐渐远离彼此，它们之间的力会增加，就像粒子色动力学预测的那样。这一过程持续直至胶子场有足够的能量生成更多的夸克—反夸克对，后者将迅速经历强子化并形成粒子簇，也就是我们在实验室中观测到的强子。电子—正电子的湮灭在高达100 GeV

以上的能标上被研究过。量子色动力学预测，随着能量增加，强子将呈现一种有趣的趋势：它们出现的方向会被限制在初始夸克生成的角度附近很小的区间。换言之，如图 6-3（a）所示，强子"记得"它们的产生机制。在较高的能量下，两个主要的强子喷注应当背对背出现以确保动量守恒。图 6-3（b）展示了电子化重构的德国电子加速器实验室的正负电子对撞机径迹室中的粒子径迹，图中以束流管截面的视图展示了相互作用发生的区域。和之前一样，粒子径迹在磁场的作用下弯曲。双喷注事件很好地证实了量子色动力学的预言。

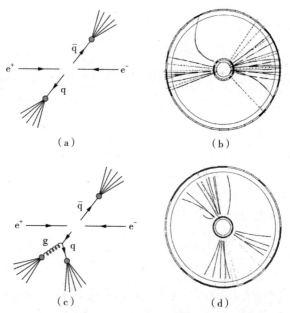

图 6-3　正负电子对撞实验中的双喷注和三喷注事件

胶子在这当中扮演了怎样的角色？夸克和反夸克在加速离开相

互作用点的过程中会辐射胶子，但胶子携带的动量往往极小，它们形成的任何喷注都将汇入夸克喷注。然而，如果形成的某个胶子动量与夸克相当，为了维持动量守恒，夸克的方向会发生变化，胶子与夸克形成的喷注因而会有不同的朝向。这种效应偶尔发生，如图6-3（c）所示，其中胶子 g 以螺旋线表示。图6-3（d）展示了德国电子加速器1980年记录的一起典型的三喷注事件，这或许是我们最接近见到的单个胶子的极限。

通过对这些三喷注事件的能量和角度分布进行分析，可以证明它们确实是胶子存在的证据。物理学家能够辨识胶子形成的喷注，并进一步推断出形成喷注的粒子的自旋。数据显示这种粒子的自旋必须为1，从而构成了确认胶子存在的直接证据。另外，胶子的三喷注事件与双喷注事件的产生率之比取决于强相互作用耦合常数 α_s 的大小，这使物理学家据此对量子色动力学进行定量检验成为可能。量子色动力学再一次通过了测试。

PARTICLE PHYSICS

第 7 章

弱相互作用

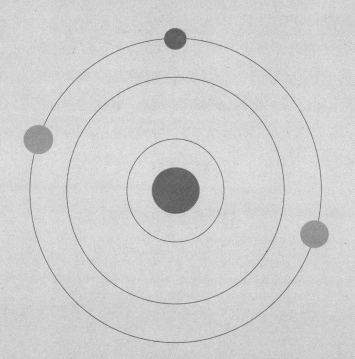

有别于强相互作用和电磁相互作用，弱相互作用中包括奇异数在内的量子数通常并不守恒。物理学家面对的主要挑战在于理解这些差异从何而来，并给出对观测到的弱相互作用散射和衰变过程的系统性描述。如果我们忽略引力，弱相互作用是剩下的三种基本相互作用中在日常生活的能标下最弱的，这也使得利用实验研究弱相互作用散射过程十分困难。不过，物理学家在 20 世纪 50 年代中期迎来的期盼已久的中微子的发现开创了中微子物理学研究的领域，并引出了测量中微子质量的方法。在这一章中，我将阐释轻子和强子通过交换弱相互作用载力子之一的 W 玻色子参与弱相互作用的基本原理。

轻子多重态和轻子数

带电轻子有三种：电子和它两种较重的姊妹，μ 子和 τ 子。μ 子最初在宇宙射线实验中被发现，并被错认成了汤川秀树预言的粒子 π 介子。μ 子的质量是 106 MeV/c^2，约为电子质量的 200 倍。1975

年，在正负电子湮灭实验中被发现的 τ 子要重得多，其质量约为 1 777 MeV/c²。对 τ 子性质的研究比两种较轻的带电轻子（电子和 μ 子）要少得多，但三者似乎皆为不存在结构的自旋为 $\frac{1}{2}$ 的基本粒子。

在前文中，我一直将电中性的轻子称为中微子。但就像存在三种带电轻子一样，电中性的轻子也有三种：电子中微子、μ 子中微子和 τ 子中微子，分别以 ν_e, ν_μ 和 ν_τ 表示。举个例子，电子中微子及其反粒子出现在原子核 β 衰变中。我们是如何区分这三种中微子的呢？其中一项证据是电子中微子在与中子发生相互作用时会产生电子（$\nu_e + n \rightarrow e^- + p$），但不会产生 μ 子（$\nu_e + n \nrightarrow \mu^- + p$）。类似地，物理学家发现 μ 子中微子产生 μ 子（$\nu_\mu + n \rightarrow \mu^- + p$）而非电子（$\nu_\mu + n \nrightarrow e^- + p$）。电子中微子和 μ 子中微子显然与各自相应的带电轻子相关，而不是其他粒子。τ 子中微子在 2000 年才被发现，不存在 τ 子中微子粒子束可供物理学家进行相应的实验，但他们也并无理由怀疑其性质与它两种较轻的姊妹有任何不同。六种轻子一共被分为三代，每代包含一种带电轻子及相应的中微子。就像夸克一样，对粒子物理学家而言这三代轻子分别带有不同的味。

正如我们之前讨论的，如果一些看似不被阻止的反应没有被观测到，那么它们暗示着某种守恒定律在起作用。对于涉及轻子的相互作用，物理学家通过定义全新的轻子数（lepton number）来解释实验数据。电子和它对应的中微子的电子轻子数等于 1，μ 子和 μ 子中微子的 μ 子轻子数也为 1，而 τ 子和 τ 子中微子也遵循这一规律。

以上这些粒子的反粒子的轻子数都是 −1，其他所有粒子的轻子数为 0。这三类轻子数各不相同，并且在所有的相互作用中分别守恒。通过在前文各种相互作用的两侧加上相应轻子数，我们可以看到，轻子数守恒与允许和禁止的反应类型相一致。其他许多相互作用也支持轻子数各自守恒的概念。带负电荷的 μ 子的衰变可以通过检验生成的中微子验证（$\mu^- \to e^- + \overline{\nu}_e + \nu_\mu$）。另外，μ 子不能通过电磁相互作用衰变为电子和光子（$\mu^- \nrightarrow e^- + \gamma$），这会导致比观测到的短得多的寿命。尽管实验物理学家进行了大量探索，但他们从未观测到轻子数不守恒的相互作用。

由于中微子只参与弱相互作用，需要大量探测器材料才能保证有足够的相互作用发生。1959 年，反电子中微子在美国物理学家弗雷德里克·莱因斯（Frederick Reines）和克莱德·科万（Clyde Cowan）进行的一次巧妙的实验中最初被探测到。那时并没有中微子束，他们因此转而利用核裂变反应堆作为中微子源。核裂变反应堆能够从原子核 β 衰变中产生大量反电子中微子，粒子通量高达 10^{17} 个 /（米^2·秒）。即便如此，莱因斯和科万每小时也只能发现约两个反电子中微子与巨大的探测器中的质子发生相互作用，并生成中子和正电子（$\overline{\nu}_e + p \to n + e^+$）。他们需要对两种终态粒子进行探测从而验证反中微子的存在，关键在于必须将它们与其他可能造成"虚假"信号的相互作用所产生的粒子区分开来。

图 7-1（a）是莱因斯和科万所使用的设备的示意图。两个大水

槽充满了作为靶的氯化镉水溶液，像三明治一样夹在三个充当探测器的液体闪烁体水槽之间，四周围绕着厚重的屏蔽物以阻绝中微子和反中微子以外的任何粒子进入。设备的总质量约为 10 吨。当反应发生时，正电子迅速与原子中的电子湮灭并生成两个光子，光子会在周围的两个闪烁体水槽中给出重合或几乎同时发生的电子脉冲。图 7-1（b）是靶水槽之一内发生的相互作用的费曼图。

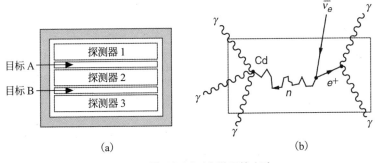

图 7-1　最早探测到中微子的实验

与之不同的是，中子会受到水中一系列质子的散射，直至其速度降低到可以被镉原子核俘获，这一过程将释放更多光子。这些光子同样将在位于靶上下的一对闪烁体水槽中生成重合的脉冲。重点在于，第二个脉冲信号会带有中子减速所需时间的延迟：根据莱因斯和科万的计算，延迟仅为数微秒。总体而言，该反应的信号十分独特。计算结果也表明，在其他过程中意外生成的中子和正电子复制出特征信号的概率相当低。第一轮实验进行的大约 3 个月中出现了 567 次带有预期信号的事件。如果这些预期信号的形成纯属意外，那么只该观测到 209 次事件。这是物理学家第一次探测到反中微子。

不仅探测中微子很困难，对其质量的测量也并非易事。我们将首先讨论电子中微子，因为这种粒子被研究得最多。其中一种测量电子中微子质量的方法是利用原子核的 β 衰变。衰变产物中出现中微子，意味着电子具有连续的能量分布，这也是泡利最初假设存在中微子的原因之一。这一能量分布在电子能量最大值附近的性质取决于中微子的质量。如果能够对距离最大值非常近的能量分布进行测量，理论上可以得到中微子的质量。不过，越靠近分布端点衰变事件就越少。因此在现实中，实验物理学家会先在能量分布的端点附近进行测量，然后外推至实际的端点。最好的结果来自氚元素的 β 衰变，它显示电子中微子的质量（$m_{\bar{\nu}}$）小于 2 eV/c²，或电子质量的约四百万分之一。由于另外两种中微子不参与原子核的 β 衰变，我们对其质量所知甚少。通过寻找中微子质量的哪些值满足 μ 子（$\mu^- \to e^- + \bar{\nu}_e + \nu_\mu$）和 τ 子（$\tau^- \to e^- + \bar{\nu}_e + \nu_\tau$）衰变中的能量守恒定律，物理学家得出 μ 子中微子和 τ 子中的微子在电子中微子的 10^5 倍以上。

在标准模型中，μ 子和 τ 子通过 W 玻色子的交换发生衰变，如图 7–2 中的费曼图所示。由于交换的玻色子带电，这样的过程被称为电弱相互作用（weak charged interaction）。从这些图中可以计算两种粒子的寿命。通过将实验测得的值进行对比，物理学家推导出了电弱相互作用的内禀强度 α_w。该耦合常数是对图 7–2 中每个顶点强度的表征，就像电磁耦合常数 α 描述了电磁相互作用的强度一样。α_w 的值在 μ 子和 τ 子衰变中相同，并且事实上与 α 的值相差不大。乍一看这非常令人惊讶，因为 μ 子的寿命约为 2×10^{-6} 秒，而 τ 子

的寿命只有约 3×10^{-13} 秒，仅是 μ 子寿命的千万分之一。

图 7-2　μ 子和 τ 子衰变的费曼图

为了更好地理解这一结果，要记住粒子的寿命不仅受弱相互作用耦合常数的影响，还取决于衰变中释放了多少能量。粒子释放的能量越多，寿命越短。因为 τ 子比 μ 子重，它的寿命也要比 μ 子短得多。我们在自由中子的衰变中见到过类似的例子：由于中子与质子之间的质量差异很小，中子的寿命以分钟计算，而非弱相互作用中常见的几分之一秒。

在所有涉及轻子的相互作用中，τ 子和 μ 子与 W 玻色子之间的弱相互作用耦合常数都相等，这被称为普适性（universality）。奇怪的是，尽管存在两代较重的轻子，但它们似乎并不能带来任何无法从第一代粒子中得到的新信息。

既然两者的耦合常数相近，为什么弱相互作用的强度看上去比电磁相互作用弱得多呢？原因要追溯到被交换的玻色子的不同质量。在弱相互作用中，质量较重的 W 玻色子的对相互作用的内禀强度形成了抑制。这解释了日常生活能标下观测到的弱相互作用为什么要比电磁相互作用弱得多，尽管两者的内禀强度十分接近。

中微子混合与中微子质量

标准模型最初假设电子中微子质量为 0，对氚元素 β 衰变中电子中微子质量的测量并不能排除它没有质量的这种可能性，其他两种中微子也是如此。这个问题很重要，因为如果中微子质量不为 0，在标准模型的其他地方将出现一些有趣的效应。

这些现象源自中微子的混合（mixing）。混合是量子理论的一般性质，指的是一组量子态可以由一组等效态的线性组合表示。对中微子而言，这里的量子态是粒子，混合意味着假定观测到的 ν_e、ν_μ 和 ν_τ 不具备确定的质量——它们是另外三个中微子态 ν_1、ν_2 和 ν_3 的线性组合。

假设一个反应中生成了特定味的中微子束 ν_e。在生成点，每个电子中微子都是 ν_1、ν_2 和 ν_3 的组合。由于这三个态的质量略有差异，因此它们的能量也各不相同。量子理论中粒子也具有波的性质，因此每个粒子都对应着波长及频率略微不同的波。随着系统演化，初始电子中微子粒子束中的三种波会在穿过空间时震荡。因为每个分量自身是态 ν_e、ν_μ 和 ν_τ 的组合，在任意一刻，粒子束都将包含数量各异的全部三种味的中微子。因此，如果对电子中微子的数量进行测量，我们会发现它们中的一些"消失"了，并被其他味的中微子取代。这种名为中微子振荡（neutrino oscillation）的现象类似于叠加频率稍有不同的声波时听到的拍频。在量子理论中，它只有在中微子的质量不为 0 时才能发生。基于这一原因，中微子振荡使对中微子质量的测量在理论上成为可能。

中微子会发生振荡的假设源自长久以来天体物理学中一个与太阳的能量输出有关的问题。太阳能来自一系列生成大量低能电子中微子的核聚变反应。1968 年开始的一项由美国天体物理学家雷·戴维斯（Ray Davis）领导的实验首次在地球表面探测到了这些中微子。在美国南达科他州莱德城附近的霍姆斯特克金矿（Homestake gold mine），一大罐四氯乙烯干混剂的有效成分被深深埋在地下以隔绝潜在的宇宙射线。中微子与液体中的氯发生相互作用，并将后者转化为一种寿命只有35天的不稳定的氩同位素。这种相互作用相当微弱，平均几天才会有一个氩原子生成。每隔几周，这些原子被从罐中冲出并计数。

电子中微子的预期数量是从标准太阳模型得出的，它是天体物理学家花费多年建立的一个用于解释为太阳提供动力的核反应的详细模型。但依据在霍姆斯特克金矿 20 年间（是的，20 年！）积累的观测数据，戴维斯发现标准太阳模型的预测值与他的实验结果完全不符，实验中观测到的电子中微子数量只有预测值的约 1/3。物理学家将这一矛盾称为太阳中微子问题（solar neutrino problem）。戴维斯多年来前后一致的观测结果令其他物理学家不得不认真考虑以下可能性：来自太阳的电子中微子或许在到地球的途中发生振荡并变成了其他味的中微子。实验物理学家也开始设计实验寻找有关中微子振荡的证据。

　　中微子振荡实验分为几种不同的类型。一些实验涉及 μ 子中微子，另一些则用到电子中微子或它们的反粒子；一些实验研究太阳中微子，另一些利用宇宙射线在大气中间接制造出的中微子，还有的使用核反应堆生成的中微子。日本超级神冈探测器团队（SuperKamiokande group）在 1998 年对大气中微子进行的研究首次证明了中微子振荡的存在。这些中微子是在宇宙射线与大气上层的原子发生相互作用时形成的 π 介子的衰变中生成的。探测器位于日本阿尔卑斯山地下 1 千米深处，是一个直径约 40 米、高 40 米的巨大的不锈钢圆柱体水罐，水罐中装满了极为纯净的水。中微子与水中的核子发生相互作用时会在水槽中生成快速移动的带电轻子，探测器内设有超过 12 000 个光电倍增管用于监测这些轻子的切连科夫辐射所释放的光。2001 年 11 月，探测器经历了一次毁灭性的事故：大约 6 600 个单个成本约 3 000 美元的光电倍增管发生了内爆。看上去，事故原因是单个光电倍增管爆裂形成的冲击波导致其四周的倍增管发生内爆，从而引发了连锁反应。

　　在 π 介子衰变为 μ 子与 μ 子中微子，接着 μ 子又衰变至电子、反电子中微子和 μ 子中微子的过程中，每个 π 介子应当在制造出一个电子中微子的同时生成两个 μ 子中微子。然而超级神冈探测器团队测得的 μ 子中微子与电子中微子比值约为 1.3，与预期比率不符，这显示振荡移除了部分 μ 子中微子。该实验还能够对比从正上方和下方进入探测器的中微子通量。由于到达地球的宇宙射线通量在所有方向上都相同，两者在没有振荡的情况下应该相等。但时间改变了一切：向下运动的中微子从它们在大气中的生成点移动到探测器的距离相对较短，而向上运动的中微子需要穿过地球整个直径的距离，为可能发生的多至数个周期的振荡提供了充足的时间。实验团队的测量结果显示，向上和向下运动进入探测器的电子中微子的通量没有差别，与没有振荡发生的情况相一致，但向下进入探测器的 μ 子中微子的通量比向上的通量高了约 2 倍。这表明 μ 子中微子发生了振荡，它们应该是变为了 τ 子中微子。实验装置在 2004 年进行了升级，可以测量中微子通量关于粒子到达探测器前移动距离的函数。结果明确地证实了中微子振荡的存在。

我之所以相对详细地描述了超级神冈探测器团队的研究，是因为它是后续一系列实验的原型。后来的实验有的用到了加速器制造的中微子束，有的则利用太阳中微子再加上能够探测到太阳主要核聚变反应产生的低能中微子的探测器。2002 年，加拿大安大略省的萨德伯里中微子观测站（Sudbury Neutrino Observatory，SNO）进行的一项后续实验为中微子振荡能够解决太阳中微子问题提供了决定性证据。该实验设置在地下约 2 千米深的矿井中，设备由一个直径12 米的充满重水作为切连科夫辐射介质的亚克力球及其周围环绕的1 万个光电倍增管组成。重水是水的一种形式，其中的氢原子核带有一个额外的中子。图 7-3 展示了施工期间铺满光电倍增管的球体。

由于中微子发生相互作用的概率非常低，亚克力球必须很大，这一点可以从龙门架上的人形看出。最宽 34 米、最高 22 米的洞穴中充满了极为纯净的水以保证实验设备免受岩石壁自然产生的辐射影响，令从球体外部进入重水的带电粒子得以现形。重水的使用让研究者能够同时观察几种不同的反应。其中之一验证了标准太阳模型的正确性，另一些则表明太阳释放的初始反电子中微子中的很大一部分在振荡中转化为其他味的中微子。研究团队认为，在来自核反应堆的中微子（就像当初莱因斯和科万的实验用到的那些一样）中应该也能看到这样的振荡，前提是从核反应堆到探测器之间的距离至少有 100 千米。后来一个由日本物理学家组成的团队探测到日本及韩国 60 多个裂变反应堆释放的中微子，从而证实了这一预测。

能展现相对尺寸的人物

图 7-3　萨德伯里中微子观测站建造中的中微子探测器

注：从图中能看到亚克力球周围的光电倍增管。

中微子振荡带给了我们有关中微子质量的许多信息。首先，振荡只有在中微子质量不为 0 的情况下才能发生。但想要得到中微子确切的质量十分困难，因为混合不仅涉及中微子态 ν_1、ν_2 和 ν_3 中任意两者质量的平方之差，而非单一质量本身，还包含一些必须通过实验确定的参数。为得到中微子的质量需要进行整套在理论上可行的实验，而眼下这些实验并未全部完成。截至目前，我们只确定了中微子态质量平方之差的上下限值。再加上一些合理的假设，粒子物理学家推断中微子三个态 ν_1、ν_2 和 ν_3 的质量应当都小于 $2\,eV/c^2$。

其次，乍看之下中微子振荡会影响弱相互作用中的轻子数守恒，但事实并非如此。让我们考虑图 7-2 中带负电荷的 τ 子衰变至轻子的过程：原则上，衰变中的两个中微子可以通过振荡转化为其他味，从而令观测到的衰变过程违背轻子数守恒。然而，W 玻色子的高质量导致弱相互作用的范围相较于典型的振荡长度非常小，在这样的距离内发生振荡的可能性可以忽略不计。基于这一原因，我们可以放心地利用轻子数守恒在反应及衰变中对中微子进行识别。

强子衰变

大多数夸克簇基态通过弱相互作用衰变，它们的终态通常会产生轻子。在夸克模型中，这意味着夸克通过与被交换的玻色子发生相互作用改变了自身的味，但仍被局限在强子之中。图 7-4 展示了带电 π 介子以及带电 Σ 粒子的衰变过程。图 7-4（a）中，组成带负电荷的 π 介子的下夸克和反上夸克湮灭并形成一个虚 W⁻ 玻色子，后者衰变为一对在实验室中观测到的轻子，整体上给出 $\pi^- \to \mu^- + \bar{\nu}_\mu$。而在图 7-4（b）中，带负电荷的 Σ 粒子中的奇夸克通过释放一个虚 W^- 玻色子转化为上夸克，这个 W^- 粒子同样衰变为一对轻子。由于奇异数在这些弱相互作用中并不守恒，奇夸克能够转化为非奇夸克。图 7-4 的两张费曼图顶点处的电荷数均守恒。在旁观者模型中只有一个夸克参与相互作用，另外的下夸克与上夸克结合形成一个中子，整体给出 $\Sigma^- \to n + e^- + \bar{\nu}_e$。

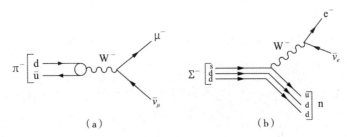

图 7-4　带电 π 介子和 Σ 粒子衰变的费曼图

为了解这些衰变类型，物理学家最初假设可以将 W 玻色子与轻子耦合的普遍性拓展到夸克，从而使上夸克、下夸克和奇夸克都能够耦合至 W 玻色子并具有和轻子耦合相同的强度。尽管这一简单的假设对许多涉及轻子的衰变做出了解释，但实验中观测到了其他不受此机制支持的衰变。意大利物理学家尼古拉·卡比博（Nicola Cabibbo）参考中微子振荡中混合的概念提出了解决方案。在卡比博模型中，参与弱相互作用的下夸克和奇夸克与参与强相互作用的夸那些不相同，而是它们的线性组合。混合由必须从实验中得到的参数卡比博角（Cabibbo angle）决定，可以人为选择这一参数从而使原本被禁止的衰变发生。事实上，仅凭这一个参数就可以成功预测所有在终态形成轻子的强子衰变的时间。物理学家发现卡比博角很小，这为奇异数不守恒的衰变为何相较于奇异数守恒的衰变往往受到抑制提供了一种解释。

强子也可以在终态不出现轻子的情况下衰变为其他强子，例如 Λ 粒子到质子和 π 介子的衰变（$\Lambda \rightarrow p + \pi^-$）。卡比博模型并没有解释这样的过程，但相应的规则也得到了实验的验证：其中之一是奇异数在相互作用中不能发生超过一个单位的变化。

对称性

对称性（symmetry）以及由此引出的守恒定律在物理学中起到至关重要的作用，它们在粒子物理学中更是无处不在。我们已经看到，与强相互作用和电磁相互作用不同，奇异数在涉及电荷的弱相互作用中并不守恒。换句话说，弱相互作用在三者中显现出最少的对称性。一些其他的对称性包括宇称（parity）和电荷共轭（charge conjugation）。宇称和电荷共轭在强相互作用和电磁相互作用中都守恒。下方的专栏给出了宇称和电荷共轭的定义以及对称性与守恒定律之间的联系。让我们考虑一个原子核的激发态，当它通过强相互作用或电磁相互作用衰变时，终态原子核和被释放的粒子的总宇称必须与激发态相同：宇称是守恒的。宇称不守恒的跃迁尚未得到精度较高的观测。

时空对称性和守恒定律

对称性与守恒定律有着密切的联系。其中一个例子是平移对称性，即空间中所有不同的位置在物理上都无法区分。这意味着，当一个没有外力作用于其上的封闭粒子系统整体从空间中的一个位置移动到另一个位置时，其物理性质不发生变化。这一对称性直接导致线性动量的守恒。类似地，角动量守恒是旋转对称性的结果。旋转对称性指的是空间中所有方向在物理上无法区分。因此，一个封闭粒子系统的物理性质不会因为旋转而改变。

粒子物理学中还有其他重要的时空对称性，例如将粒子变为其反粒子的电荷共轭。系统在该变换下的不变性导致了相互作用中电荷共轭量子数 C 的守恒。单个带电粒子并不具备这一量子数，但一个不带电的粒子的 C 值取决于其量子力学特性可以是 +1 或 −1。带电粒子的电中性组合也可以具有不为 0 的 C 值。比如，由一个带正电荷的 π 介子和一个带负电荷的 π 介子组成的系统在将两个粒子以各自的反粒子代替后仍是相同粒子的组合。在这里，电荷共轭不过是对两者电荷的符号进行了取反。

另一种对称性是对系统所有空间坐标取反的宇称。如果一个物理量的符号在这一操作下发生改变，我们称其具有奇宇称；反之，若符号不变，则该物理量具有偶宇称。对于在宇称变换下不变的相互作用，相应的宇称量子数 P 是守恒的。标准模型中的基本粒子无论带电与否都具备内禀宇称：夸克和轻子的宇称为正，而反夸克和反轻子的宇称为负，对应的量子数 P 分别为 $+1$ 和 -1。

除了粒子的内禀量子数，如果一个粒子系统的组分有不为 0 的轨道角动量，会对系统的总量子数 C 和 P 造成额外的贡献。系统的总量子数是通过将轨道角动量和内禀量子数两部分的贡献相结合得到的，对于在前几章中出现的量子数，比如奇异数，这样的组合意味着将不同的贡献直接相加，但宇称和电荷共轭是通过将两个或更多部分的数值相乘得到的，因此它们的结果总是 $+1$ 或 -1。强子的宇称由其组分夸克的宇称组合而成，可以根据其夸克构成来判断。这样一来，全部三种 π 介子的宇称量子数 P 都是 -1，因为它们是由彼此间不存在轨道角动量的一个夸克和一个反夸克组成的粒子簇。

然而，弱相互作用中的宇称守恒情况却完全不同，也根本不在物理学家的意料之内。20 世纪 50 年代早期观测到了两种介子，其中一种会衰变为两个 π 介子，另一种会衰变为三个 π 介子。这两种介子虽然寿命不同，但它们的衰变都与通过弱相互作用衰变的过程相符。而且在两类衰变中，终态 π 介子的轨道角动量皆为 0。基于衰

变产物 π 介子的宇称为负这一事实，物理学家推出发生衰变的两种介子的宇称并不相同。但两者质量的值实际上是相等的，强烈暗示它们其实是同一种粒子的不同表现。

这一难题令理论物理学家李政道和杨振宁着手审视各种已知的涉及弱相互作用的实验。经过数周的紧张工作，他们得出结论：尽管许多实验在很高的精度上证实了宇称在强相互作用和电磁相互作用中是守恒的，但所有已发表的有关弱相互作用的实验结果都并未对宇称守恒的问题带来任何影响。多年来，弱相互作用中的宇称守恒是在缺乏实验支持的前提下被断言的，这一发现在杨振宁眼里"令人震惊"。宇称或许并不守恒的可能性更加惊人，绝大多数物理学家都不相信事实会是如此。费曼甚至与一位同事赌了 50 美元，认为实验将证实宇称守恒。

为了解决这一重要问题，以及为费曼的赌约画上句号，物理学家需要能够明确检验弱相互作用中宇称是否守恒的实验。李政道和杨振宁在他们的论文中提出了几个这样的实验，其中之一涉及测量钴 -60 的 β 衰变。钴 -60 是钴的一种放射性同位素，其原子核具有自旋和因此产生的磁矩。在实验中，钴 -60 样本被置于强磁场中，从而使磁矩（也就是原子核自旋）朝向与磁场相同的方向。对该系统进行宇称变换意味着在将电子动量翻转的同时维持原子核自旋方向不变。因此，若宇称真的守恒，在钴 -60 原子核自旋方向上被释放的电子数量应当与出现在相反方向的电子相等。

另一种看待这个问题的方式是考虑镜像对称性（mirror symmetry），即通过在假想的镜子中翻转所有坐标得到的新系统。好比当你看向镜子时，你的右侧看起来像是左侧，但你始终正立着。图7-5（b）展示了这种情况，图中假设使钴-60原子核自旋排齐的磁场来自一个电磁线圈。该图右半部分中的磁场被翻转了，这相当于对原子核的自旋进行了翻转。如果镜像对称性是精确的，被释放的电子方向应当与钴-60自旋的方向无关。

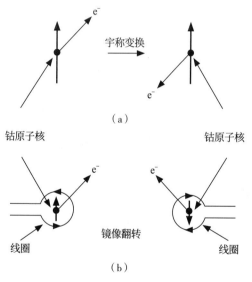

图7-5 钴-60原子核的（a）宇称变换和（b）镜像翻转

注：较粗的箭头标示出钴-60原子核自旋的方向，细线则代表被释放的电子动量的方向。

1957年，另一位华裔美国物理学家吴健雄实现了这一概念简单但实施起来相当困难的实验。她将钴-60原子核冷却至0.01开尔文的极低温度以减少它们的热运动，这提升了原子核自旋排列的整齐程度。实验的结论非常明确：两个分布并不相同，电子更可能出现在与原子核自旋平行的方向上，这意味着宇称在相互作用中并不守恒。换言之，自然赋予了左和右绝对的意义。费曼输掉了他的赌注。

宇称不守恒还可以在很多更简单的过程中得到证明，例如带正电荷和负电荷的 μ 子的衰变。由于电荷共轭将 μ^+ 转化为 μ^-，这一衰变过程为科学家提供了测试电荷共轭是否守恒的另一种可能。在电荷共轭守恒的情况下，μ^+ 与 μ^- 衰变所释放的电子的角度分布应当是相同的。这一次，实验结果同样明确：和宇称守恒一样，电荷共轭守恒在弱相互作用中也被破坏了。

宇称和电荷共轭不守恒的发现成为对理解弱相互作用至关重要且影响深远的一道分水岭。以被认为不具备质量的中微子为例，对一个自旋为 $\frac{1}{2}$ 的粒子在任何方向上的自旋分量的测量都会得到两个可能的结果之一：$+\frac{1}{2}$ 或 $-\frac{1}{2}$。若中微子自旋的方向与动量相同，即在该方向上测得的自旋为 $+\frac{1}{2}$，则称其为右手中微子。类似地，左手中微子自旋的方向与其动量方向相反。值得注意的是，吴健雄的实验结果显示只有左手中微子和右手反中微子参与弱相互作用，从而引出了"上帝在弱相互作用中是个左撇子"的说法。1958 年，这种现象首先在一个直接测量了电子中微子手性的巧妙实验中被证实对电子中微子成立。它揭示了自然确实对左和右进行区分，并且偏爱前者。

对于具有质量的粒子，情况就不是这么简单了。但只要粒子的能量远大于其自身质量，结果仍然成立。在这种近似中，只有带电的左手轻子与右手反轻子参与相互作用。考虑 π 介子的两种衰变模式，$\pi^+ \to \mu^+ + \nu_\mu$ 和 $\pi^+ \to e^+ + \nu_e$：两者都是带电的弱相互作用，具有相同的内禀耦合强度，但后一种情况（π 介子到正电子和电子中微子的衰变）中的能量释放是前一种（π 介子到 μ 子和 μ 子中微子的衰变）的 4 倍以上。因此，理论上 π 介子到正电子的衰变更可能发生。然而，实验中出现的情况恰恰相反：π 介子到 μ 子的衰变比到正电子的衰变发生的概率高出一万倍。造成这种现象的部分原因在于，衰变终态的正电子高度相对论化，而 μ 子则不是如此。在正电子的质量可以被忽略的近似下，手性的限制适用于它，并禁止了 π 介子到正电子的衰变。其他被禁止的衰变中也有类似的抑制因素。

PARTICLE PHYSICS

第 3 章

粲夸克、底夸克和顶夸克

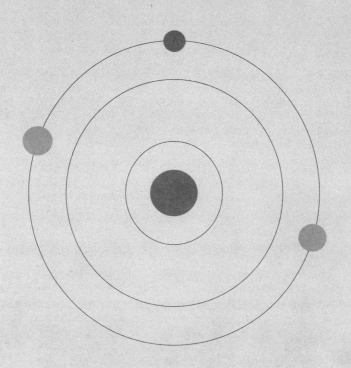

对弱相互作用物理学而言，20 世纪 50 年代后半段是一段戏剧化的时期。长期以来被看作理论基石之一的宇称守恒的"坍塌"震惊了粒子物理学界，尽管李政道和杨振宁的理论以及后续的实验证明了宇将守恒这一观点是毫无根据的。不过，这场冲击中也诞生了对弱相互作用以及对称性在粒子物理学中所起到的关键作用的更深刻的理解。20 世纪 60 年代初，接力棒传到了理论物理学家手中。他们从对称性出发，率先假设了新的夸克以解决强相互作用和弱相互作用理论中的问题。这些突破性的创新被后续的实验证实，进一步促成了标准模型的建立。

粲夸克

截至 20 世纪 60 年代初，有两代共四种轻子被观测到，它们是电子、μ 子以及相应的中微子。然而已知存在的夸克只有三种，即上夸克、下夸克和奇夸克。物理学家一向偏爱各种对称性，但轻子和夸克的种类并不对称。为了恢复两者间的平衡，一些物理学家提出应当存在第四种夸克与奇夸克一同构成第二代夸克。1964 年，美国物理学家谢尔登·格拉肖（Sheldon Glashow）和詹姆斯·比约肯（James Bjorken）在他们的提案中异想天开地将这种夸克命名为粲夸克（charmed quark, c），并将相应的量子数称为粲数（charm），以 C 表示。粲夸克的 C 值为 +1，注意不要将粲数与电荷共轭混淆。但由于缺乏存在这样一种粒子的证据，他们的提案被搁置了数年。

想要推进这一想法的科学家之一是格拉肖本人。当时他已经花了一段时间在一个可以消除弱相互作用计算中那些恼人的无穷的理论上。虽然格拉肖绝非首位尝试者，但他最先提出了一个有关弱相互作用和电磁相互作用的实用理论。很快，另一位美国物理学家史蒂文·温伯格（Steven Weinberg）和在英国工作的巴基斯坦物理学家阿卜杜勒·萨拉姆（Abdus Salam）分别进一步发展了格拉肖提出的理论。他们得出的结论是必须存在一种类似于带电的 W 玻色子的电中性粒子，Z^0 玻色子。

格拉肖的理论成功地描述了轻子间的相互作用，但在对夸克的描述中遇到了问题。Z^0 玻色子暗示着存在"电中性的弱相互作用"，类似于带电的弱相互作用。在带电的弱相互作用中被交换的是 W 玻色子，电中性的弱相互作用则涉及 Z^0 玻色子的交换。而由于下夸克和奇夸克带有相同的电荷量，它们将能够通过交换 Z^0 玻色子彼此转化。基于以上原因，格拉肖期望能观测到奇异数不守恒的电中性弱相互作用，如 K 介子到 μ 子对的衰变（$K^0 \rightarrow \mu^+ + \mu^-$）。然而，包括这种衰变在内的很多改变奇异数的电中性弱相互作用从未在实验中被观测到。

格拉肖并没有气馁,1970 年,他与合作者希腊物理学家约翰·伊利奥普洛斯(John Iliopoulos)和意大利物理学家卢西恩·梅安尼(Luciano Maiani)意识到:如果存在第四种夸克与奇夸克一同构成第二代夸克,它产生的新费曼图将恰好抵消掉困扰着物理学家的那些未被观测到的相互作用的贡献,因为作用于 ud 和 cs 夸克对的弱相互作用强度相同但符号相反。这一现象被称为 GIM 机制(GIM mechanism),以三位作者的姓氏首字母命名。GIM 机制背后的想法过于大胆,乍看之下甚至像是理论物理学家在胡闹。当时还没有 Z^0 粒子存在的证据,但格拉肖和两位合作者以它为前提构想出了另一种粒子。除此之外,粲夸克的存在还会引出一个显而易见的问题:粲数不为 0 的粒子去哪了?如果粲夸克很轻,应该能够在现有的实验中观测到带粲(带有至少一个粲夸克)的强子。而如果粲夸克非常重,GIM 机制将不会抑制奇异数发生变化的电中性弱相互作用。这使与理论相符的粲夸克质量被限定在相当窄的区间。幸运的是,当时投入使用的加速器正逐渐开始对这样的质量展开探索。

电子—正电子湮灭是能够用于搜寻粲的最简单的反应。1974 年11 月,美国物理学家伯顿·里克特(Burton Richter)领导的团队宣布,他们借助位于斯坦福大学的一台对撞机发现了以介子形式存在的证据。这种介子是由一个粲夸克和其反粒子构成的束缚态，总粲数为 0。物理学家称这个态具有隐藏的粲（hidden charm）。在里克特公开结果的同一场会议上，来自布鲁克海文国家实验室的美国物理学家丁肇中也发表了粲夸克存在的证据。他的团队当时正通过研究在质子与原子核的高能对撞中出现的电子—正电子对寻找新的粒子。

丁肇中的研究借鉴了用于识别强子共振态的技巧。在某种意义上，这与里克特研究的过程正好相反。两个团队收集到的数据都显示这些电子—正电子对的总等效质量在 3 097 MeV/c² 处出现了显著的增强。丁肇中将其称为 J 粒子，而里克特管它叫 ψ。物理学家最终选择了 J/ψ 这一稍显生硬的符号来指代这种新粒子。它也被称为粲夸克偶素（charmonium），命名灵感来自原子物理学中被称为电子偶素（positronium）的由一个电子和一个正电子构成的束缚态。

粲夸克偶素的发现令物理学家能够对粲夸克的一些性质进行推断。从 J/ψ 介子的质量可以计算出粲夸克的质量约为 1 500 MeV/c²，远高于其他夸克。上夸克和下夸克的组分质量估计在 350 MeV/c² 左右，奇夸克约为 500 MeV/c²。各个实验室在随后的一年间发现了许多其他的 c$\bar{c}$ 束缚态。图 8-1 展示了在电子—正电子湮灭中测得的强子与 μ 子对（$\mu^+\mu^-$）的产生率之比 R。3 097 MeV/c² 和 3 886 MeV/c² 两处极其狭窄的峰值以箭头表示，因为它们远远超出了此图的尺度。

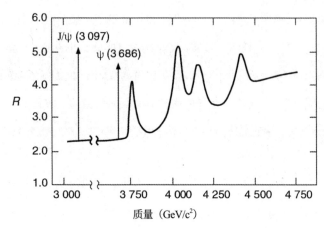

图 8-1　电子－正电子湮灭中生成的粲夸克偶素

　　实验物理学家之所以如此确定粲夸克偶素态的结构是一对粲夸克与反粲夸克，而非一对更轻的夸克，是出于对其衰变性质的考量。倘若粲夸克偶素态确实具有 c$\bar{c}$ 的结构，物理学家预期它们将通过强相互作用衰变，形成一对分别带有一个粲夸克和一个反粲夸克的介子。因此对粲夸克偶素态衰变宽度（decay width）的测量结果将会在 MeV 的区间。此外，质量更低的态的衰变宽度要比这小得多，在 keV 量级。这样的衰变只有在一对质量最低的带有单个粲夸克的介子的总质量比 J/ψ 介子高时才会发生，能量守恒定律不允许这一特定衰变模式出现，因此衰变不得不遵循更为复杂的路径。

　　在质量高于形成一对带粲介子的阈值的情况下，粲夸克偶素态的衰变宽度将在 MeV 的量级，正如物理学家观测到的那样。在丁肇中和里克特宣布"隐藏的粲"存在后两年，首个带有单个粲夸克，即所谓的裸粲（naked charm）的介子于 1976 年被发现。它的质量约为 1 870 MeV/c^2，证实了上述解释。后续实验给出了有关带粲介子的共振态以及带裸粲的重子的证据。

J/ψ 介子的发现常被称为十一月革命：它不仅是物理学家在理解弱相互作用过程中的一个里程碑，更使量子色动力学得到了更广泛的接受。例如，量子色动力学解释了质量低于带粲介子对生成阈值的粲夸克偶素态较为复杂的衰变路径为何受到抑制。一种常见的过程是到三个 π 介子的衰变：在量子色动力学中，发生衰变的粒子和三个 π 介子都是无色的，因而只能通过同样无色的胶子组合发生相互作用，而非进行单个胶子的交换。由于电荷共轭也需在衰变中守恒，满足这一要求且带有正确的电荷共轭量子数的最小的胶子数量是三个，而这样的高阶衰变过程会受到抑制。

量子色动力学也对 J/ψ 介子与自旋同样为 1 的 φ 介子寿命之间的差异做出了解释。φ 介子与 ρ 介子同属自旋为 1 的共振多重态，是由一个奇夸克及其反粒子构成的束缚态（φ = s$\bar{s}$），结构类似于 J/ψ 介子。量子色动力学的渐近自由性预言，强相互作用力的强度会在高能（即短距离）下降低。因此，相较于由奇夸克及其反粒子构成的能量较低的 φ 介子，能量更高的能 J/ψ 介子中的粲夸克及反粒子彼此间的束缚力要弱一些。这意味着它们彼此湮灭的概率较低，造就了 J/ψ 介子被观测到更长的寿命，其寿命约为 φ 介子的 100 倍。

第三代夸克

1975 年发现 τ 子后，理论物理学家认为必须存在第三代夸克才能恢复夸克与轻子之间的对称性。新一代夸克的性质最早被称为真（truth）和美（beauty），分别对应着带有 2/3 和 –1/3 电荷的两种夸克。但经过一段时间，就连粒子物理学家都觉得这样的名称过于奇特，最终换成了较为普通的顶（top）和底（bottom）。它们指的是将这两种夸克成对排列时的位置，带有更多电荷量的夸克位于电荷量较少的夸克之上。底夸克（b）携带一种全新的量子数底数 B，其值为 –1，而顶夸克（t）则带有一个单位的顶数 T。这两种量子数与奇异数和粲数一样，都在强相互作用中守恒。

物理学家花了几年的时间才找到底夸克。1977 年夏天，研究者在高能质子与原子核发生相互作用的实验中发现了一种质量为 9.45 GeV/c^2 的粒子，这大约是质子质量的 10 倍。他们将其称为 γ 粒子。一年后，首个能量足以产生 γ 粒子的电子 – 正电子对撞机投入运行，确认了它的存在。通过观测 γ 粒子的衰变，物理学家确定了它是由底夸克及其反粒子构成的束缚态（b$\bar{\text{b}}$）。从 γ 粒子的质量可以推出底夸克的质量约为 4.5 GeV/c^2。γ 粒子是一系列名为底夸克偶素（bottomium）的 b$\bar{\text{b}}$ 态中最早被发现的一个。类似于粲夸克偶素，在一定质量以下底夸克偶素的衰变宽度处于 keV 的范围，而在此质量之上则以 MeV 为单位。临界质量下的底夸克偶素会衰变至一对介子，其中每个介子可能带有一个底夸克或反底夸克。这些态中最轻的是 B 介子，质量为 5.3 GeV/c^2。后续实验中发现了带有裸底（naked bottom）的介子共振态以及包含底夸克的重子。和粲夸克偶素一样，底夸克偶素的存在也提供了有利于量子色动力学的证据，因为 c$\bar{c}$ 态和 b$\bar{b}$ 态的质量较之对应的基态显现出非常相似的模式。详细的计算证实了这一点，意味着夸克间的强相互作用力与味无关。

寻找顶夸克的过程要漫长得多。1995 年，物理学家终于利用费米实验室万亿电子伏特加速器的对撞机探测器发现了它。万亿电子伏特加速器用于对撞的两束粒子能量均为 1 TeV，在如此高的能量下顶夸克和反顶夸克能够成对形成。由于顶夸克的质量比 W 玻色子高，它能够衰变为现实存在的 W 玻色子（t → q$^+$+W$^+$），这里的 q 可以是下夸克、奇夸克和底夸克之一，以维持电荷守恒。

实验中最重要的是顶夸克到底夸克的衰变（t → b+W$^+$）。底夸克会通过强子化形成强子喷注，而 W 玻色子则主要衰变为一对较轻的夸克及反夸克或轻子。在前一种情况下会出现更多强子喷注。反顶夸克以类似的方式衰变，因此总共能观测到 4 束强子喷注、1 个带电轻子（或反轻子），以及 1 个不被探测到的中微子（或反中微子，视情况而定）。4 束强子喷注中，两束是由底夸克和反底夸克造成的，另两束则是 $W^{\pm}$ 衰变而成的较轻的夸克。

图 8-2 是一个典型的四喷注事件的示意图。从这些粒子的能量可以推出顶夸克的质量约为 180 GeV/c^2。前文图 4-3 中重构了一次

真实的 t t̄ 事件，当中能够看到形成的 1 个正电子和 4 束喷注。

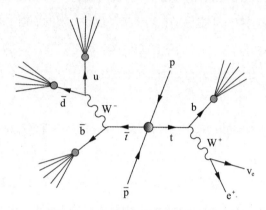

图 8-2　pp̄ 湮灭中的 t t̄ 生成及衰变

　　顶夸克这一几乎是质子质量 200 倍、与一个金原子相当的巨大质量会带来一些直接的影响，其中之一是它的衰变率。弱相互作用的衰变率随着衰变过程中释放的能量增加而升高，例如前文提到的中子寿命就相对较长。衰变率的这种变化十分迅速，这也是顶夸克的寿命比基于强相互作用衰变过程的预测要短得多的主要原因之一，约为 10^{-25} 秒。由于顶夸克存在的时间过于短暂，对其性质进行研究的机会不多：举个例子，顶夸克从形成到衰变之间的时长甚至不足以令它们在强相互作用的影响下聚集成团。因此，不同于粲数和底数，所有强子的顶数都是 0，也不存在对应着粲夸克偶素和底夸克偶素的"顶夸克偶素"（toponium）。

夸克谱

没有人知道顶夸克的发现是否标志着故事的终结，或者还存在更多代夸克等待着物理学家去探索。有很强的证据显示，不存在更多质量低于 W 玻色子的轻子世代。基于对称性考量，物理学家相信也不存在更多的夸克世代，除非它们具有极高的质量。在这种情况下其寿命将非常短暂。

那这些我们已知的额外夸克会带来怎样的影响呢？粲夸克和底夸克的存在大大提升了可供考虑的内禀量子数组合，令强子谱变得更为丰富。八重法过去简单的示意图如今需要更多维度才能得到表现，往往被分为不同的区域，其中每一层对应着某个内禀量子数的定值。

图 8-3 展示了由上夸克、下夸克、奇夸克和粲夸克的任意组合构成的自旋为 $\frac{3}{2}$ 的重子，图中每层粒子带有相同的粲数。物理学家尚未找到扩充后的夸克模型所预言的全部粒子，因为其中一部分粒子产生所需的能量很难在实验室中达到。不过，这些空白正在逐渐被填补上。最近的一个是 2009 年末被发现的重子 Ω_b^-，它类似于当初为夸克模型提供了重要证据的著名的 Ω^-。在 Ω_b^- 中，一个底夸克取代了 Ω^- 中的奇夸克，Ω_b^- 是由两个奇夸克和一个底夸克组成的夸克簇。

在认识了全部三代夸克后，我们终于可以着手对夸克的弱相互作用衰变进行系统的检验。

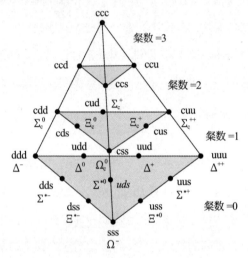

图 8-3　由上夸克、下夸克、奇夸克和粲夸克构成的自旋为 3/2 的重子

需要再次强调的是，粒子物理学家口中的衰变指的是束缚在强子中的夸克的衰变，因此过程中会有观察者夸克存在。不过，上述描述并不适用于顶夸克。在第一代夸克间，上夸克和下夸克通过释放一个 W^+ 玻色子或 W^- 玻色子相互转换。第二代夸克（粲夸克和奇夸克）也一样，不仅如此，以上过程的强度都相同。第三代夸克似乎也具有这一特性。

W 玻色子与这些粒子之间的耦合强度看上去也几乎和它与轻子间的耦合相等。两者在实际观测中的微小差异可以用卡比博混合（Cabibbo mixing）来解释。轻子数守恒禁止跨世代衰变的发生，夸克与轻子不同，能够在不同世代间转化，例如在粲夸克与下夸克或奇夸克与上夸克之间的衰变。虽然这些过程均有可能出现，但其中一些要常见得多。类似的抑制效应也出现在涉及全部三个世代的混合中。

实际观测到的衰变模式如图 8-4 所示。向上的箭头代表释放电子 – 中微子对（$e^- \bar{\nu}_e$）的过程，向下的箭头代表释放正电子 – 中微子对（$e^+ \nu_e$）的过程。实线是主要的衰变过程，它们之间的相对强度则以线条的粗细表示：线条越粗，相应的衰变越容易发生。虚线代表同样存在但较之其他衰变受到抑制的过程。

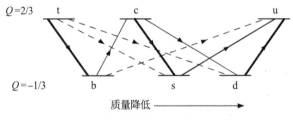

图 8-4　夸克弱相互作用衰变示意图

CP 破缺与标准模型

弱相互作用分别破坏了宇称守恒和电荷共轭守恒，不过宇称和电荷共轭的共同作用（CP）是守恒的。然而，美国物理学家詹姆斯·克罗宁（James Cronin）和瓦尔·菲奇（Val Fitch）1964 年进行的一项涉及电中性的 K 介子到 π 介子衰变的实验发现了 CP 破缺的惊人证据。CP 破缺意味着另一种对称性时间反演（time-reversal，T）也遭到了破坏，它是对系统所有运动方程中时间坐标的符号取反的操作。尽管时间反演本身并不会像宇称或电荷共轭那样导致一个新量子数出现，但如果运动方程在进行这一操作后不发生变化，则称时间反演是守恒的。当 CP 守恒被违背时，T 也不再守恒，因为任何遵循相对论以及量子理论的场论都必须在 CPT 的共同作用下保持不变，这是被称为 CPT 定理的普适结果。CP 破缺在中性 K 介子和中性 B 介子的其他衰变模式中得到了证实，中性 B 介子是带有底夸克的最轻的介子。出现 CP 破缺的情形并不多见，但它为物理学家理解标准模型背后的运行机制提供了一个难得的机会。

存在两种电中性的 K 介子，K^0 和它的反粒子 $\bar{K}^0$。二者自旋皆为 0，奇异数分别是 +1 和 −1，它们参与强相互作用。不过，直接参与弱相互作用的并非这两种粒子，而是它们两种不同的组合，这是混合机制的实例。两种组合的寿命长短不同，分别被称为 "K^0 短（K_S^0）" 和 "K^0 长（K_L^0）"，K_S^0 的寿命约为 10^{-10} 秒，而 K_L^0 的寿命大概在 5×10^{-8} 秒。两者本质上质量相等，但衰变模式有所不同：在到 π 介子的衰变中，K_S^0 会衰变为两个 π 介子，而 K_L^0 的衰变产物则是三个 π 介子。

这一差异意义重大：尽管 K^0 与 $\bar{K}^0$ 不具备确定的 CP 值，但可以利用 K^0 和 $\bar{K}^0$ 构造出带有 CP 值的组合。这样的组合被称为 K_1^0 和 K_2^0，分别被赋予 +1 和 −1 的 CP 值。一个由两个 π 介子组成的角动量为 0（这是 K 介子的自旋）的态的 CP 值为 +1，而由三个 π 介子组成的角动量为 0 的态则具有 −1 的 CP 值。因此，如果 CP 在弱相互作用中守恒，将实验观测到的 K_S^0 和 K_L^0 态与理论中的 K_1^0 和 K_2^0 态对应起来会是十分自然的选择。这样的对应往往能很好地解释电中性 K 介子的弱相互作用衰变，但克罗宁和菲奇的实验发现 K_L^0 在约千分之一的事件中衰变为两个 π 介子，从而违背了 CP 守恒。在后续检验 K_L^0 其他衰变模式的实验中也出现了同样的情况。

粒子通常不能转化为自身的反粒子，一般会存在某种守恒的量子数从根本上禁止此类过程发生。比如，在质子和反质子的衰变中守恒的是重子数。而对 K^0 和 $\bar{K}^0$ 来说，不存在绝对守恒的量子数，因此两种粒子可以相互转换并违背 CP 守恒。然而，由于奇异数在弱相互作用中一次只能变化一个单位，这一过程只有在交换两个 W 玻色子的情况下才能发生，因此是受到抑制的高阶相互作用。除此之外，只有两种粒子能发生到自身反粒子的衰变：电中性的 B 介子和 D 介子。D 介子是带粲夸克的最轻的介子。这些过程之所以能够出现，是因为在弱相互作用中粲数及底数都与奇异数一样并不是绝对守恒的。

最轻的 B^0 介子的质量为 5.3 GeV/c^2，它的夸克结构是 $\bar{d}b$。B^0 介子能够与它的反粒子 $\bar{B}^0$ 混合，原理与电中性的 K 介子之间的混合相同。实际存在的参与弱相互作用的粒子名为 "B_L^0" 及 "B_H^0"，这里的 L 和 H 代表"轻"与"重"。不过这两个粒子的名字颇具误导性，因为其质量几乎相等。和以寿命进行区分的 K 介子不同，B_L^0 和 B_H^0 的寿命几乎完全一样，大约为 1.5×10^{-12} 秒，与电中性的 K 介子的寿命相比非常短。这一短暂的寿命使 B^0 介子无法形成稳定的粒子束，物理学家不得不寻求其他研究 B 介子衰变的方法。而这种粒子巨大的质量更导致了其潜在的衰变模式数量惊人。

为了解决这一问题，物理学家打造出 B 介子工厂（B-factory），一种用到质量为 10.58 GeV/c^2 的 γ 粒子的特殊对撞机。这样大的质量足以令 γ 粒子衰变为最轻的一对底数不为 0 的介子，但还无法通过同一机制衰变至任何其他的终态。因此，这些 γ 粒子几乎只会衰变为 B^+-B^- 或 B^0-$\bar{B}^0$ 介子对。在 B 介子工厂内会对粒子束的能量进行调整，使其总能量对应着 10.58 GeV/c^2 的质量，从而大量生产 B 介子。

已建成的两个 B 介子工厂分别位于日本的高能加速器研究机构（KEK）和美国加利福尼亚州的斯坦福直线加速器中心。高能加速器研究机构的 B 介子工厂利用一束 3.5 GeV 的正电子束与一束 8 GeV 的电子束进行对撞。其总能量对应着 γ 粒子的质量，不对称的粒子束能量则确保了生成的 B 介子有足够的动量在衰变前穿过足以被探测到的距离。这一点非常重要，因为有关 CP 破缺的研究往往需要对 B 介子在产生和衰变之间的短暂时长进行测量。实验物理学家借助专用探测器 Belle 中位于束流管外侧的硅顶点探测器实现了对 B 介子的探测，Belle 有着传统对撞机中用到的多组件探测器的典型结构。

在涉及电中性 K 介子的实验中，通常会留出足够令寿命短暂的 K_S^0 衰变的时间，之后再进行测量时将只剩下 K_L^0。然而由于 B_L^0 和 B_H^0 的寿命十分接近，无法利用上述方法得到只含有其中一种粒子的样品，后续分析因而更加复杂。但结果很明显：在电中性 B 介子一系列不同的衰变中均观测到了 CP 破缺，其效应也远大于在电中性 K 介子系统中观测到的程度。物理学家预测在电中性的 D 介子中也能观察到 CP 破缺带来的影响，但还没有进行具体的探究。目前尚未在电中性的 D 介子中观测到此类效应。

以上结论对标准模型有何影响？在下夸克与奇夸克的混合中，卡比博角作为唯一的参数决定了参与弱相互作用的每种粒子的相对比例。在第三代夸克出现后，情况变得更为复杂，因为需要四个参数来描述下夸克、奇夸克和底夸克全部三种夸克之间的混合，其中三个参数是类似于卡比博角的混合角。

有趣的是，最后一个参数的非零值对应着违背时间反演的情况。在假设 CPT 不变性成立的情况下，这也意味着 CP 守恒在三代夸克混合时遭到了破坏。在两代夸克之间的混合不会出现这种情况。效应的大小取决于全部四个参数，后者可以从一系列衰变数据中得到。基于这些数据，物理学家预言 CP 破缺会发生在各种电中性的介子系统中，对电中性的 B 介子影响最大，而电中性的 K 介子和 D 介子系统中的效应则小得多。这与实验观测完全相符，尽管还难以对效应大小进行定量的预言。

最后值得注意的是，时间反演不变性和 CPT 不变性都可以通过对电中性 K 介子衰变的直接测量得到检验。通过对 K^0 粒子到 $\bar{K}^0$ 粒子与 $\bar{K}^0$ 粒子到 K^0 粒子的衰变率（两者互为时间反演过程）之间差异的时间依赖性进行测量，物理学家能够研究时间反演对称性的破缺，其中 K 介子的类型可以借助其衰变产物判断。1998 年，欧洲核子研究中心主导的 CPLEAR 实验发现这一差值不为 0。此外，在假设 CPT 不变性的前提下，实验数据与发生 CP 破缺的测量结果相一致。实验还通过测量上述两个过程中初始粒子不发生变化的比率间的差异对 CPT 不变性进行了检验，这一次得到的结果符合差值为 0 的情形，从而验证了 CPT 定理。CPLEAR 实验填补了 B 介子衰变的分析中可能存在的漏洞。混合模型以单一参数成功地解释了所有违背 CP 守恒的效应，这是标准模型的又一次胜利，表明它甚至能够对弱相互作用中的细节进行描述。

PARTICLE PHYSICS

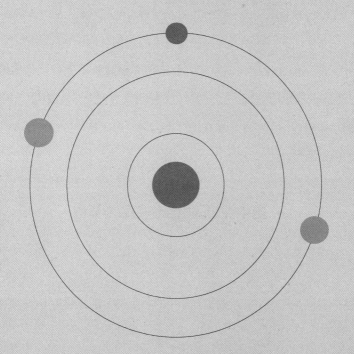

第 9 章

电弱统一与质量起源

存在 Z^0 玻色子这一电中性载力子的猜想令实验物理学家有了新的思路，他们首先将注意力集中在对预计会通过交换 Z^0 玻色子发生的相互作用的观测上，后来则转向构造能证实 W 玻色子和 Z^0 玻色子均为物理上存在的粒子的实验。这些努力使物理学家对轻子世代的数量有所了解，同时也暗示了夸克的世代数。理论物理学家同样非常活跃，他们基于轻子及夸克的弱相互作用之间的相似性建立了将弱相互作用与电磁相互作用统一而成的电弱相互作用理论（electroweak interaction）。尽管在解释实验数据上非常成功，但电弱相互作用理论具有一个潜在的严重问题：它起初预测所有基本粒子的质量都为 0。

电中性的弱相互作用和奇异数

理论物理学家在尝试处理高阶弱相互作用费曼图中出现的发散量时推测，存在一种电中性的 Z^0 玻色子，对其进行交换会带来电中性的弱相互作用。高阶弱相互作用的一个例子是交换多个 W 玻色子的过程。交换 Z^0 玻色子的电中性弱相互作用强度受耦合常数 α_Z 控制，它与电弱相互作用的耦合常数 α_W 类似。α_Z 和 α_W 皆为跑动耦合常数，也就是说，它们和量子电动力学及量子色动力学中的耦合常数一样与能量相关。

GIM 机制通过引入带有新的量子数粲数的第四种夸克解释了为何不存在奇异数不守恒的电中性弱相互作用。然而，奇异数守恒的电中性弱相互作用是否存在仍有待探究。涉及 μ 子中微子的反应 $\nu_\mu + N \rightarrow \nu_\mu + X$ 有助于解答这个问题，这里的 N 是一个核子，X 则是一组能够保证相关量子数不变的强子。这一类事件在气泡室中不会显示任何入射粒子的径迹，仅有数条出射粒子的径迹自同一点发出。

存在电中性弱相互作用的首个实验证据来自 1973 年欧洲核子研究中心进行的一项实验。研究人员详细检查了在伽格梅尔（Gargamelle）气泡室中拍摄的大量照片，气泡室内的重液暴露在 μ 子中微子束下。图 9-1 是一次典型的相互作用，它展示了对此类事件进行识别有多么困难。入射中微子从左侧进入气泡室，但不产生径迹。它与气泡室内液体原子核中的中子发生相互作用形成带负电荷的 π 介子和质子，后两种粒子可以在照片中清楚地被看到。通过光子到电子—正电子对的转化还可以探测到 4 个光子，它们几乎肯定来自在最初的中微子—质子相互作用以及随后带负电荷的 π 介子与另一个原子核之间的相互作用中出现的电中性 π 介子的衰变。电中性弱相互作用中，奇异数、粲数和底数都守恒。

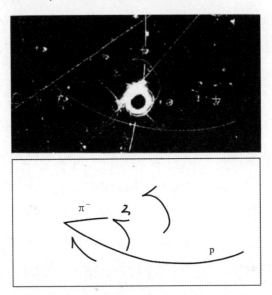

图 9-1　重液气泡室中的电中性弱相互作用

图片来源：reproduced by permission of CERN。

电弱统一和玻色子质量

由格拉肖提出并得到了温伯格和萨拉姆发展的将 Z^0 玻色子引入弱相互作用的理论涉及交换光子的费曼图。尽管在单独对此类费曼图进行处理的过程中会出现无穷大，但它们恰好与交换 W 玻色子及 Z^0 玻色子时出现的无穷大相互抵消，从而将弱相互作用与电磁相互作用整合为单一的电弱相互作用。在微扰理论中，上述无穷大逐阶抵消。这并非巧合，而是规范不变性导致的。

胡夫特对这种无穷大相互抵消的现象做出的证明在数学上十分复杂，它依赖于三个无量纲的耦合常数之间的基本联系。这三个耦合常数分别是电磁耦合常数 α、涉及 W 玻色子交换的带电的弱相互作用的耦合常数 α_W，以及交换 Z^0 玻色子的电中性弱相互作用的耦合常数 α_Z。所谓的统一条件（unification condition）通过一个新的参数弱混合角（weak mixing angle，也被称为温伯格角）给出，写作 θ_W，它决定了 W 玻色子与 Z^0 玻色子的质量之比。弱混合角可以通过比较低能下带电的弱相互作用与电中性弱相互作用发生率的实验得出。利用已知电磁耦合常数的值，实验结果能够用来预测 W 玻色子和 Z^0 玻色子的质量。W 玻色子最初的预测质量为 78 GeV/c^2，Z^0 玻色子则是 89 GeV/c^2。它们与实验结果相符吗？

一开始，没有人能回答这个问题：已有的加速器不具备足够高的能量制造质量如此大的粒子。20 世纪 70 年代后期，物理学家决定在欧洲核子研究中心建造一套新的加速器系统以寻找 W 玻色子和 Z^0 玻色子。1976 年，超级质子同步加速器开始运行（图 3-4），它带有一台较小的用于生成反质子的质子同步加速器作为注入器。不过约每 100 万个质子只会产生一个反质子，因此收集足够数量的反质子需要大约一天的时间。这些反质子在一台新型反质子积累环（anti-proton accumulator，AA）中被挤压在一起以形成平行且能量单一的高强度反质子束。反质子积累环用到了第 4 章中介绍过的由范德梅尔发明的粒子束冷却技术，利用反质子积累环能够从最初仅由约 10^6 个反质子组成的一批粒子中收集到超过 10^{11} 个反质子。之后，反质子束被导入超级质子同步加速器与质子束一同被加速，两者以相反方向环绕加速器，组成一台质子—反质子对撞机。

欧洲核子研究中心的地下区域进行了两次实验，其中一次由意大利物理学家卡洛·鲁比亚（Carlo Rubbia）领导，他是促成超级质子同步加速器建设的主要推动者。实验涉及两束 270 GeV 的粒子，总能量达到了 540 GeV。粒子的能量乍看之下大得没有必要，因为它似乎远超研究目标相互作用（$p+\bar{p} \rightarrow W^+ + X^-$、$p+\bar{p} \rightarrow W^- + X^+$ 以及 $p+\bar{p} \rightarrow Z^0 + X^0$）所需的能量。然而，这些相互作用涉及质子中的单个夸克和反质子中的单个反夸克，平均而言，两者只携带质子和反质子约 1/3 的能量。因此，540 GeV 的总能量其实只略微高于生成 W 玻色子与 Z^0 玻色子的阈值能量。

W 玻色子与 Z^0 玻色子主要的衰变产物是成对的夸克和反夸克，这些夸克和反夸克经由强子化效应形成的强子喷注与旁观者夸克产生的喷注在实验上难以区分。Z^0 玻色子也可以衰变至任意味的轻子对，从而使实验物理学家能够通过这些衰变模式对其进行搜索。物理学家记录下电子—正电子对的总质量，并从中寻找增幅，这一技巧在研究强子共振态时也用到过。不过，W 玻色子可能衰变为一个带电轻子和一个不被探测到的中微子，这为实验带来了更大的挑战。对于实验物理学家而言，每一次目标事件都伴随着 10^7 次只产生强子而没有玻色子的事件！

1983 年，欧洲核子研究中心宣布发现了 W 玻色子及 Z^0 玻色子存在的明确证据，后续实验证实了这一结果。图 9-2 展示了在其中一项用到费米实验室对撞机探测器的实验中得到的带电轻子对的总质量图。实验测得的 W 玻色子和 Z^0 玻色子质量与理论预测值相匹配。这些结论极大地增强了物理学家对电弱理论作为标准模型重要组成部分的信心。

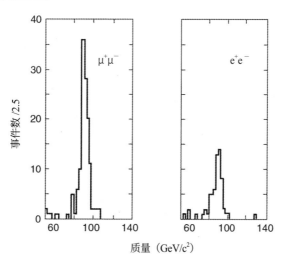

图 9-2 在 e^+e^- 及 $\mu^+\mu^-$ 对质量分布中观测到的 Z^0 事件峰值

发现质量符合预期的 W 玻色子及 Z^0 玻色子带来了许多新的难题。还会有更多粒子世代吗？为什么各个基本力具有被观测到的强度？欧洲核子研究中心直面挑战，建造了另一台新型加速器大型正负电子对撞机（Large Electron Positron Collider, LEP）以回答这些问题。大型正负电子对撞机自 1989 年开始运行，直至 1996 年被关闭，对撞机生成的 45 GeV 的粒子束足够制造出数量巨大的 Z^0 玻色子。大型正负电子对撞机所需的粒子束能量小于超级质子同步加速器，因为前者研究的相互作用发生在轻子而不是夸克之间。它本质上是制造了数以百万计的 Z^0 玻色子的粒子工厂。

大型正负电子对撞机实验非常精确地测定了 Z^0 玻色子的质量。20 世纪 90 年代出现的这一更准确的测量值迫使物理学家修正了基于电弱理论的预测。最重要的是，实验结果令物理学家更好地确定了弱混合角并对 Z^0 玻色子的预测质量进行了修正以使其与新的测量值相匹配。

最初的预测忽略了弱相互作用中的高阶效应，其中一些效应与虚顶夸克有关。一旦加入这些高阶效应就能保证理论预测与实验结果相一致，从而使电弱理论的细节得到进一步支持。由于这些细微的修正与顶夸克的质量有关，物理学家可以据此对顶夸克的质量进行估计。截至 1994 年，大型正负电子对撞机实验将顶夸克质量最有可能的值限定在 170 GeV/c^2 至 180 GeV/c^2，这与最终在实验中测得的质量非常接近。

存在多少种中微子

我在前文提到过是否还存在更多夸克世代的问题。尽管尚未有确切的答案，但在 Z^0 粒子的衰变中有证据表明不存在更多的轻子世代。由于 Z^0 玻色子非常重，它能够衰变至多种终态产物：强子和任意味的带电或不带电的轻子对。除了终态产物是中微子及其反粒子的过程，所有可能的终态都能够在实验中得到探测。终态产物可能出现任意味的中微子和反中微子，但轻子的普适性告诉我们 Z^0 玻色子衰变至各类中微子的概率相等。因此，如果存在 N 代中微子，它们对 Z^0 玻色子衰变宽度的总贡献应当是衰变至其中任意一对中微子及其反粒子（例如 $\nu_e\bar{\nu}_e$）的宽度的 N 倍。这一贡献可以利用标准模型计算得到。通过收集以上所有数据能够确定 N 的值，结果如图 9-3 所示。图中的曲线是基于中微子世代数三个不同的假定值对 Z^0 玻色子质量附近强子产生截面的预测，黑色圆圈代表来自欧洲核子研究中心的实验数据。很显然，数据支持粒子世代数为三的情况，同时排除了其他可能性。

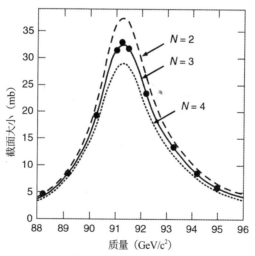

图 9-3　不同中微子世代数下 e^+e^- 湮灭在

Z^0 玻色子质量附近的强子产生截面

不过，只存在三个粒子世代的结论有一个限制条件：理论假设所有中微子的质量都小于 Z^0 玻色子质量的一半，这意味着 Z^0 玻色子到两个中微子的衰变不会因为能量守恒定律被禁止。因此这一结论只适用于较轻的中微子，存在更多中微子世代的可能性无法被彻底排除。

电弱相互作用

在电弱理论中，所有交换光子的过程同样允许 Z^0 玻色子的交换。在能量远小于生成 Z^0 玻色子的质量时，交换 Z^0 玻色子的过程效应并不明显：电磁相互作用与弱相互作用仍相互独立，而电磁相互作用的贡献远大于弱相互作用。随着能量升高，Z^0 玻色子的重要性也逐渐提高。图 9-4 展示了电子与正电子碰撞形成 μ 子的简单相互作用（$e^+ + e^- \rightarrow \mu^+ + \mu^-$）。在能量较低时，对反应截面的主要贡献来自交换光子的电磁相互作用，其贡献随着能量的上升而减小。但随着能量升高，Z^0 玻色子的贡献成为主导，并随着能量上升而增加。这一过程持续至能量达到对应着 Z^0 玻色子质量（约 $90\,\mathrm{GeV/c^2}$）的水平，此时会形成物理上存在的 Z^0 玻色子。在此能量之上，交换光子的过程与交换 Z^0 玻色子的过程贡献相仿。

电弱理论带来的另一个后果是，交换 Z^0 玻色子造成的弱相互作用贡献会导致在通常被视为电磁相互作用的过程中出现宇称不守恒的现象：左和右对它们而言并不相同。数个实验证实了这一点。

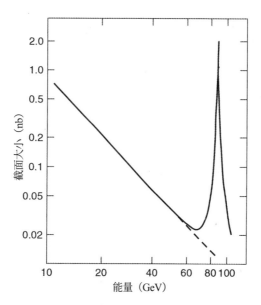

图9-4 $e^+ + e^- \rightarrow \mu^+ + \mu^-$ 的反应截面

例如，在质子对自旋以确定的方向被制备的电子的弹性散射中，物理学家发现左手电子（那些自旋与动量方向相反的电子）比右手电子（自旋与动量方向相同）更容易发生相互作用。而且，电弱理论成功地解释了手性不同的电子散射截面之间微弱的差异。

2004年进行的另一项实验涉及氢原子中的电子对以确定手性制备的电子的散射。实验对右手电子和左手电子间散射截面的差异进行了测量，尽管这个值非常小（约 $1/10^7$），但它与标准模型的预测相吻合。与带电的弱相互作用一样，电中性的弱相互作用毫无疑问也违背了宇称守恒。

质量起源

标准模型取得了备受瞩目的成功，但它并非毫无争议。构成模型的量子色动力学和电弱理论是规范理论，这意味着它们具有规范不变性。在理论最简单的形式下，规范不变性要求作为理论中唯一玻色子的自旋为 1 的规范玻色子（载力子）质量必须为 0。在量子电动力学及量子色动力学中这是可以实现的，因为理论中作为规范玻色子的光子和胶子确实具备零质量，但弱相互作用的载力子却是较重的 W 玻色子和 Z 玻色子。规范不变性在电弱统一理论中也扮演着重要的角色，它的存在确保了高阶费曼图中的发散相互抵消，也就是说，保证了理论是可重整化的。在电弱理论中，如果规范玻色子是理论中唯一的玻色子，规范不变性要求包括夸克、轻子和玻色子在内的所有基本粒子质量都为 0。结论显然与实验证据相悖，物理学家称这一难题为质量起源问题。

英国物理学家彼得·希格斯（Peter Higgs）等科学家的工作为质量起源问题提供了一种可能的解答，他们假设存在一种新的场，这种场在没有其他粒子的真空态（vacuum state）下具备不同寻常的性质。它如今被称为希格斯场（Higgs field）。电磁场等其他所有场在真空态的值都为 0，与我们的常识相符，只有希格斯场在真空态的值不为 0。规范不变性在这种情况下不再成立，粒子也因此可以具有不为 0 的质量。作为结果，规范玻色子可以在不破坏相互作用的规范不变性或重整化的情况下获得质量。这就是希格斯机制（Higgs mechanism）。

这种保持相互作用规范不变性完整的对称性破缺被称为自发对称性破缺（spontaneous symmetry breaking），它也经常在其他物理学领域中出现。一个常见的例子是铁构成的磁体，其磁性是铁原子中所有因电子自旋形成的单个磁体的累积效应。耦合电子自旋的力在磁体被旋转时不发生变化，而磁体的净磁化效应在高温下为零。但当温度降至临界值以下时，电子自旋会沿特定方向排列，导致破坏旋转对称性的净磁化效应出现。尽管磁化可以指向任意方向，磁体的其他性质并不取决于这一方向。因此，相互作用的旋转不变性保持不变。

希格斯机制 1964 年最初问世时并没有引起人们太大的兴趣。它仅被视作开拓了新领域的一种数学上的创新，没有相应的实验证据用以解决理论问题。直到后来温伯格意识到，这种机制正是统一电磁相互作用和弱相互作用所需要的，它既保证了规范不变性，又不会导致基本粒子质量为 0。

希格斯机制对电弱理论有三个主要影响。首先，$W^{\pm}$ 玻色子和 Z^0 玻色子获得质量的比例由温伯格角决定，但光子仍维持零质量。其次，就像光子是与电磁场相关联的粒子一样，一定存在与希格斯场相关的粒子，即物理学家翘首以盼的希格斯玻色子。基于希格斯机制基本框架的预测认为，存在单一的一种自旋为 0 且不带电的希格斯玻色子H^0。这是最简单的假设：标准模型的一些扩展理论预测，存在不止一种希格斯玻色子，而且它们并不全是电中性的。最后，诸如轻子和夸克等费米子也可以通过与希格斯场及希格斯玻色子发生相互作用得到质量。自希格斯机制被提出，这一理论及相关的希格斯玻色子已成为标准模型的核心。

寻找希格斯玻色子

希格斯玻色子的存在是标准模型还未得到观测证实的最基础的预言。其中一个问题是模型没有对希格斯玻色子的质量做出预言，但可以利用Z^0玻色子的预测质量对希格斯玻色子质量进行粗略的估计：就像有必要考虑涉及顶夸克的高阶费曼图一样，涉及虚希格斯玻色子的那些也必不可少。通过这种方式得到的希格斯玻色子的预期质量小于$190\ GeV/c^2$，一些理论物理学家甚至认为有可能进一步得到更低的值。不过，直到我们真正发现希格斯玻色子，它实际的质量仍是个未知数。

虽然标准模型并未对希格斯玻色子的质量做出预言，但它预测了这种粒子与其他粒子的耦合。希格斯玻色子与一对费米子（夸克或轻子）之间的相互作用由一个无量纲的耦合常数α_H表示，后者本质上与耦合至希格斯玻色子的粒子质量成正比。基于此，物理学家相信希格斯玻色子与诸如中微子、电子、μ子以及上夸克、下夸克和奇夸克等较轻的粒子之间的耦合非常弱，而与$W^\pm$玻色子、Z^0玻色子以及底夸克和顶夸克这些理论上较重的粒子之间的耦合较强。这令探测希格斯玻色子的尝试变得更加艰难，需要制造出那些与它耦合的非常重的粒子。物理学家预测，希格斯玻色子的衰变模式相当丰富，它们的相对概率在很大程度上取决于希格斯玻色子的质量。

物理学家重点关注希格斯玻色子到 $b\bar{b}$ 夸克对的衰变，因为两者之间的耦合最强。实验结果令人振奋，夸克以强子喷注的形式被观测到，这些寿命短暂的强子都带有非 0 的底数。大型正负电子对撞机于 2000 年 11 月为了给另一个实验项目让路而被关闭，在那之前它证实了没有质量小于 113.5 GeV/c^2 的希格斯玻色子存在。有证据指向一种质量在 115 GeV/c^2 的希格斯玻色子，这与大型正负电子对撞机能够达到的质量上限非常接近，可惜数据不足以令结果具有统计学意义上的说服力。费米实验室的万亿电子伏特加速器同样对希格斯玻色子展开了搜寻，主要集中在与 W$^{\pm}$ 玻色子或 Z^0 玻色子相关的希格斯玻色子产生上。如果希格斯玻色子的质量小于 130 GeV/c^2，它最可能的衰变模式和大型正负电子对撞机中进行的实验一样，也是 H$^0 \rightarrow b\bar{b}$ 。

如果希格斯玻色子真的存在，它很可能在大型强子对撞机中被发现。大型强子对撞机的超环面仪器和紧凑 μ 子线圈（CMS）最高可以在 1 TeV/c^2 的质量上对希格斯玻色子进行搜索。这个值并不是物理学家随意定下的：为了使电弱理论的计算能够得到确定的结果，光子和 Z^0 玻色子的交换都必不可少。尽管形成的是物理上存在的自旋为 1 的 W 玻色子，但在极高的能量下理论还是会得出没有意义的预测，加入带有希格斯玻色子交换的费曼图可以解决这一问题。由于希格斯玻色子的重要性取决于带电的弱相互作用的强度，物理学家能够计算出来自它的贡献变得不可或缺时的能量阈值。这一能量约为 1 TeV，相当于 10^{17} 开尔文的等效温度，这样的温度仅在大爆炸后存在过短暂的 10^{-14} 秒。如果理论是正确的，发生在这种能量下的碰撞将创造出足以令希格斯玻色子现身并揭示早期宇宙完整对称性的条件。

大型强子对撞机进行的实验主要关注 $p+p \rightarrow H^0+X$ 的相互作用过程。终态粒子 X 可以有数种不同的形式，每种都会带来不同的能够用于识别希格斯玻色子的特征信号。哪一种粒子造成的信号最有用，在某种程度上取决于希格斯玻色子的实际质量。

如果希格斯玻色子被发现，实验物理学家将对它的质量和其他性质进行更精确的测定。如果这种粒子迟迟无法被找到，理论物理学家将不得不重新考虑电弱统一和质量起源的整个框架。无论对希格斯玻色子的搜寻结果如何，未来都将非常有趣。

PARTICLE PHYSICS

第10章

标准模型之外

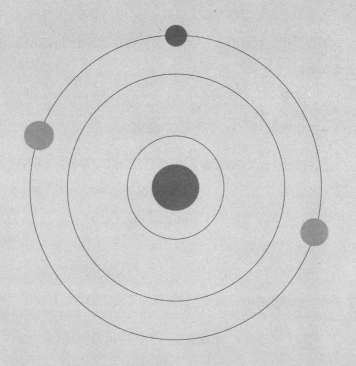

就算将粒子物理学的诞生追溯至 1896 年电子的发现，它仍是物理学中相对年轻的分支。虽然如此，但粒子物理学拥有标准模型这一全面理论框架。标准模型的成功激励了物理学家尝试构造加入强相互作用的更完整的统一理论，一些情况甚至还包含引力，以解答为什么各粒子的质量和基本力的强度具有如今的值，为什么只存在三代基本粒子，以及为什么规范不变性在自然界中具有如此特殊的地位等问题。

大统一理论

目前粒子物理学家对标准模型进行扩展的方向之一是将强相互作用与电弱相互作用整合在一个统一框架之中的尝试。这一类理论被称为大统一理论（grand unified theories，GUTs）。

弱相互作用与电磁相互作用的统一要在能量达到与 W 玻色子和 Z 玻色子质量相当的量级时才会显现，这发生在约 90 GeV/c² 处。为理解大统一理论涉及的能标，我们注意到标准模型中弱相互作用及强相互作用的耦合常数均为跑动耦合常数，也就是说它们会随着能量变化。当利用对耦合常数能量相关性的预言将它们推广至更高能量时，三条曲线并不会在某一点汇合。不过，这些相互作用的强度在约 10^{15} GeV/c^2 的巨大的统一质量（unification mass, M_U）下大致相等。在相应的等效能量下，大统一理论具有一个单一的耦合常数 α_U，其值约为 1/42。

有许多相互竞争的大统一理论，其中最简单的理论将已知的夸克和轻子划分为数个常见的粒子家族。这样的选择在某种意义上非常自然，因为质子和电所带电荷量大小相同的事实暗示了夸克和轻子之间存在更深层的联系。在这样的大统一理论中，其中一个粒子家族由三个带色荷的下夸克和一对轻子构成，它们分别是 d_r、d_b、d_g、e^+ 和 v_e^-。夸克和轻子间的转化通过引入两个新的规范粒子实现，它们以 X 和 Y 表示，分别带有 $-\frac{4}{3}$ e 和 $-\frac{1}{3}$ e 的电荷，这里的 e 是电子所带电荷量的大小。X 和 Y 的质量一定与统一质量非常接近。

这一简单的模型具有许多吸引人的特质。例如，任意粒子家族中所有粒子的电荷量之和为 0。在粒子家族（d_r、d_b、d_g、e^+、v_e^-）中可以得到 $3q_d + e = 0$，其中 q_d 是下夸克的电荷。因此，$q_d = -\frac{1}{3}$ e，可以将夸克所带的分数电荷归因于它的三个色态。通过类似的论证，可以得出上夸克的电荷是 $q_u = \frac{2}{3}$ e。利用质子的一般构成（p = uud），

我们可以从 $q_p = 2q_u + q_d = e$ 得到质子所带的电荷量。这种大统一理论对质子和正电子为什么带有完全相等的电荷量这一困扰了物理学家许久的难题做出了解释。

包括上文提到的理论在内，各种大统一理论给出了数个目前可以检验的预言。如果弱相互作用和强相互作用的三个耦合常数在推广至更高能标时真的汇合于一点，那么标准模型中三个低能标下的耦合常数将能够以大统一理论的耦合常数及统一质量表达。利用这一点，物理学家可以对 α_U 和 M_U 两者之一或弱混合角 θ_W 进行计算。计算结果与 θ_W 的测量值相近但并不完全相等。要注意的是，迄今为止只有 θ_W 实际得到了测量。

新规范玻色子的交换使轻子和夸克间的相互转化成为可能，重子数与轻子数因此也不再守恒。这将令质子变得不稳定，并出现几种不同的衰变模式，包括终态粒子由一个 π 介子和一个正电子（$p \rightarrow \pi^0 + e^+$）或由一个 π 介子和一个反中微子（$p \rightarrow \pi^+ + \bar{\nu}_e$）组成的情况。图 10-1 展示了对应其中第一种衰变模式的费曼图。有趣的是，从生命存在这一事实本身我们就能够对质子的寿命有所了解。如果质子发生衰变，构成我们身体的物质所导致的辐射有可能杀死我们，当然这也取决于辐射发生的频率。为避免这种结果，考虑到 α_U 和 M_U 取值中的不确定性，质子的寿命必须在 10^{16} 年以上。大统一理论给出的限制则要精确得多。针对上文提到的衰变模式，理论预测质子的寿命在 $10^{30} \sim 10^{31}$ 年。作为对比，科学家相信宇宙的年龄约为 10^{10}

年。实验物理学家在超级神冈探测器等实验中对两种衰变模式进行了搜寻，但尚未观测到任何事件。物理学家由此得出质子寿命长于 10^{32} 年的结论，而这就排除了最简单的大统一理论。尽管如此，还有其他更复杂的理论有待验证，其中一些涉及超对称（supersymmetry）的思想。

图 10-1　质子通过 $p \rightarrow \pi^0 + e^+$ 衰变的费曼图

超对称

如果大统一理论预言的与统一能标相关的新粒子真的存在，它们会在电弱理论的高阶计算中带来额外的贡献，这些贡献将导致此前在涉及标准模型的计算中各无穷项精确抵消，从而保证全部结果有限的精巧结构付之一炬。为了避免这一情况，物理学家需要设法抵消这些新的贡献：超对称理论（SUSY）做到了这一点。

超对称理论提出，每种已知的基本粒子都有其对应的超对称粒子（superpartner），两者除自旋外所有性质完全相同。自旋为 $\frac{1}{2}$ 的粒子对应着自旋为 0 的超对称粒子，自旋为 1 的粒子则对应自旋为 $\frac{1}{2}$ 的超对称粒子。为了对自旋为 $\frac{1}{2}$ 的粒子及其超对称粒子进行区分，物理学家在后者的名称之前加上一个"超"字：例如，自旋为 $\frac{1}{2}$ 的电子所对应的超对称粒子是自旋为 0 的超电子。表 10–1 列出了一个简单的超对称模型中的所有基本粒子以及相应的超对称粒子。这一模型经过了简化，事实上即便是最简单的超对称模型也需要三种电中性的和两种带电的希格斯玻色子。

表 10–1　标准模型中的粒子及其超对称粒子

粒子	符号	自旋	超对称粒子	符号	自旋
夸克	q	$\frac{1}{2}$	超夸克	$\tilde{q}$	0
电子	e	$\frac{1}{2}$	超电子	$\tilde{e}$	0
μ 子	μ	$\frac{1}{2}$	超 μ 子	$\tilde{\mu}$	0
τ 子	τ	$\frac{1}{2}$	超 τ 子	$\tilde{\tau}$	0
W 玻色子	W	1	超 W 子	$\widetilde{W}$	$\frac{1}{2}$
Z 玻色子	Z	1	超 Z 子	$\widetilde{Z}$	$\frac{1}{2}$
光子	γ	1	超光子	$\tilde{\gamma}$	$\frac{1}{2}$
胶子	g	1	超胶子	$\tilde{g}$	$\frac{1}{2}$
希格斯玻色子	H	0	超希格斯粒子	$\widetilde{H}$	$\frac{1}{2}$

如果粒子与其超对称粒子之间存在精确的对应关系，它们应当具有相同的质量。事实显然并非如此：物理学家没有找到这样的超对称粒子。超对称最多是对自然界的一种近似。不过即使在近似的对称性下，如果两种粒子的质量不太大，它们的耦合常数也应当在数值上相等并带有相反的符号，以保证前文提到的抵消。事实上，

涉及超对称的大统一理论通常假设超对称粒子的质量与 W 玻色子和 Z 玻色子的质量大致相等。随着超对称粒子的加入，标准模型耦合常数的能量相关性会发生细微的变化，理论中的耦合常数在被推广至极高的能量时几乎汇合于一点。这将使统一质量略微上升到约 $10^{16}\,\text{GeV}/c^2$。与此同时，α_U 基本保持不变，而质子的预计寿命则增至约 $10^{32} \sim 10^{33}$ 年，正好超出现阶段实验可以检验的范围。类似地，引入超对称粒子将使弱混合角的理论值与实验数据几乎完全一致。物理学家暂时还不知道以上这些结果是否仅仅是巧合。

另一个能够直接检验超对称的方法是测量电偶极矩（electric dipole moment，EDM）。电偶极矩是对粒子内电荷分布的度量，决定了粒子如何与外部电场相互作用。只要宇称和时间反演对称性不同时遭到破坏，电偶极矩的值精确为 0。原则上，在一些电中性介子的衰变中观测到的 CP 及时间反演对称性破缺能够带来非 0 的偶极矩，不过标准模型中的电偶极矩只在高阶微扰理论中出现且数值极小。对电子而言，标准模型的计算结果是通过实验得到的最大估计值的 10^{-11}。

超对称理论包含一系列新的粒子及耦合常数，并将带来更大的对称性破缺效应。尽管超对称理论尚未做出任何可以被检验的独特预言，但适当选择理论中的参数可以令电偶极矩的取值增大到在不远的将来或许能够得到测量的水平。

要想验证超对称理论，必须探测到超对称粒子，而这并不容易。目前为止，实验主要集中于对超对称粒子在相互作用中的直接探测。在最简单的超对称理论中，超对称粒子成对产生，类似于强相互作用中的奇异粒子。超对称粒子的衰变必须生成至少一个终态超对称粒子，其中最轻的粒子一定是稳定的。大多数超对称理论假设这个最轻的粒子是一个中性微子（neutralino）$\tilde{\chi}^0$，它由超光子、中性超希格斯粒子和超 Z 子混合而成。

若现实如此，可以对相互作用 $e^+ + e^- \rightarrow \tilde{e}^+ + \tilde{e}^-$ 以及随后的衰变 $\tilde{e}^\pm \rightarrow e^\pm + \tilde{\chi}^0$ 进行研究，总体上等同于 $e^+ + e^- \rightarrow e^+ + e^- + \tilde{\chi}^0 + \tilde{\chi}^0$。中性微子与中微子一样只参与弱相互作用，无法在实验中被探测到。物理学家利用终态只携带部分（通常是 50%）初始能量的电子 – 正电子对识别相应的相互作用。

另外，由于所涉相互作用并非二体问题，这些电子和正电子并不会出现在相反的方向上。尽管科学家在以大型正负电子对撞机为首的实验中对上文提到的相互作用以及其他许多类似的过程进行了研究，但目前尚未发现存在超对称粒子的证据。这样的结果令物理学家得以将中性微子及超轻子的质量下限定在 40 GeV/c² 至 100 GeV/c² 之间。万亿电子伏特加速器的对撞机探测器实验为超胶子和超夸克定下了高得多的质量下限。寻找超对称粒子将是大型强子对撞机的研究重点之一。

弦理论

超对称理论未能立即取得成功的事实并没有吓退所有人，一些颇具雄心的物理学家正尝试将引力整合到愈发复杂的大统一理论中。这个任务在数学上十分艰难：首先，理论中出现的无穷大远比量子色动力学或电弱理论中的那些要严重得多；其次，目前还没有类似其他两种理论的独立的有关引力的量子力学的成功例子。

在评估此类理论时，物理学家遇到了一个不同寻常的难题：理论极难做出有朝一日能够得到实验检验的明确预言。这些包含引力的理论均以微小的、量子化的一维弦代替点状的基本粒子，它们构造于比自然界中观察到的多得多的维度中：通常是十维，其中包含一个时间维度。与标准模型包括夸克质量、耦合常数、混合角在内的 19 个自由参数不同，弦理论中只有一个自由参数：弦的张力。而由于我们生活在包括时间维度在内的四维世界，弦理论中额外的维度必须被紧致化。换言之，这些维度需要缩小至无法被观测到的微小尺度。物理学家原本希望紧致化能够使标准模型成为层展涌现的唯一理论，并以弦理论的弦张力解释标准模型的 19 个自由参数。实现这一点将标志着弦理论的巨大成功。可惜早期对这种数学理论的乐观预期未能一直延续。尽管遇到挫折，弦理论带来的一些强大的理论工具还是为更好地理解规范理论以及它们与引力之间的联系做出了贡献。

正如我们在前文中所见，标准模型具有传统的粒子相互作用图景。量子色动力学相应量子场论的已知结构，令物理学家能够利用微扰理论以及合适的费曼规则（Feynman rules）做出唯一的物理预测。而在弦理论的表述中，存在五组可能的费曼规则，每一种都适用于十维的时空连续体。弦理论物理学家发现，在紧致化后这将带来由或许多达 10^{500} 个低能量理论组成的巨大景观！每个理论都描述了一个不同的宇宙，各自拥有独特的基本粒子、相互作用及相关参数。除非能够找到在这难以计数的可能性中进行选择的方法，否则弦理论几乎没有任何真正的预言能力。物理学家就这样的理论能否被认作科学理论展开了激烈的哲学辩论，因为可接受的理论必须有能力做出能够以实验检验的唯一预言。而弦理论的支持者辩称，该理论受到评价的标准在历史上从未被应用于其他层展理论。

一种颇具争议的办法是援引人择原理（anthropic principle）。其内容可以简略表述为对我们观测结果的期望受到我们能够作为观察者存在的必要条件的限制。换言之，我们观察到的宇宙之所以是现在的样子，是因为这是宇宙唯一可以允许人类在其中思考此类问题的存在方式。这个听上去有些绕圈子的原理被用来解释一些宇宙学常数看似不可能的取值，但作为弦理论潜在的发展方向并未得到广泛接受。很多理论物理学家相信，我们终将找到一种基于物理学的方法从众多备选中得到唯一的理论。例如，十维弦理论的自洽性被证明意味着高维数学对象膜（branes）的存在。有物理学家提出，利用膜可以构建更为基本的理论，它涉及十一个维度，在其中全部五个超对称弦理论都将得到统一。物理学家将其称为 M 理论，尽管没有人知道这一猜想是否正确，更不用说要如何构造这样的理论。

抛开其理论上惊人的复杂性不谈，弦理论仅严格适用于引力效应与规范相互作用相当的能量。由于引力十分微弱，两者的效应直至能量达到约 10^{19} GeV 的普朗克能量（Planck energy）时才能相提并论。波粒二象性告诉我们，这意味着弦的尺寸约为 10^{-35} 米。如此高的能量令人很难想象要如何通过实验对弦理论进行检验。不过一些物理学家认为，尽管与弦理论所涉能量有不小的差距，但在大型强子对撞机实验中能够获得的信息，例如未来超对称粒子的发现也将有助于弦理论的证明。

眼下，弦理论对物理学家的吸引力主要在于其数学上的优美和自然。尽管众所周知数学之美的概念难以定义，但是弦理论物理学家有历史站在他们一边。正是基于美学的类似考量促使狄拉克坚持了有关反粒子的想法，尽管总能量为负的态看似无比荒谬且缺乏实验证据支持。发展出夸克模型（在观测不到自由夸克的前提下）及电弱统一理论（参与相互作用的粒子最初的预测质量为 0）的物理学家同样践行着正确的理论应当在数学上足够优美的信念，最终两种理论都得到了学界的认可。不过，许多昙花一现的理论当年在它们的创始者眼中一定也无比优雅。毋庸置疑的是，实验物理学家将保持怀疑的态度，直到能够设计并进行实验对理论做出明确的测试：

这是下一代粒子物理学家即将面对的一个重大挑战。

中微子的性质

中微子一直非常神秘，由于只参与弱相互作用，其粒子性质很难通过实验探究。泡利有关中微子存在的猜想在提出约 25 年后得到证实，又过了 50 年，物理学家才确认这种粒子具有不为 0 的质量。中微子研究历史中另一个重要的篇章是物理学家有关它是由狄拉克方程描述的狄拉克粒子（Dirac particle）的假设。这看似是必然的，因为狄拉克方程构成了狄拉克最初对自旋为 $\frac{1}{2}$ 的粒子展开描述的基础。不过，就电中性的态而言，某种粒子及其反粒子并非一定要有所区别，而中微子可能与光子同属于这种情况。与自身反粒子完全相同的中微子被称为马约拉纳中微子（Majorana neutrino），它们满足原始狄拉克方程的一种变体。

马约拉纳中微子或许能帮助物理学家解释为何夸克及轻子具有其如今的质量。目前在实验中观测到的三种中微子的质量比其他基本费米子小得多。物理学家借助标准模型的扩展理论提出了一种可能的解释，使标准的狄拉克中微子与马约拉纳中微子得以共存。实验中观测到的质量极小的中微子能够在以上两种中微子混合时自然出现。然而，任何理论扩展都有代价：在这种情况下，理论预言"另一种"组合，对应着一种尚未被发现的非常重的中微子。

中微子性质之谜该如何解决？最直接的方法是寻找只在中微子是自身反粒子时才会发生的相互作用，这当中最有希望的是不产生中微子的双 β 衰变。本书第 1 章提过，β 衰变是放射性原子核最可能发生衰变的模式。在这种弱相互作用中，一般会出现一个带电的轻子（电子或正电子）和一个中微子或反中微子。在极少数原子核中存在两个核子同时衰变的第二种可能性，这会释放两个带电轻子及相应中微子。由于产生两个中微子的双 β 衰变是极为罕见的二阶弱相互作用，根据原子核的种类不同，相关粒子的预计寿命能够达到约 $10^{18} \sim 10^{24}$ 年。事实上，只有在能量守恒定律不允许单 β 衰变发生且原始原子核不通过释放阿尔法粒子或光子衰变的情况下，双 β 衰变才能被观测到。换言之，只有在双 β 衰变是唯一允许的衰变模式时才能观测到它。图 10-2（a）的费曼图展示了双 β 衰变的机制。自 1987 年双 β 衰变首次在实验中被直接观测到，物理学家已观测到 10 种原子核的双 β 衰变。

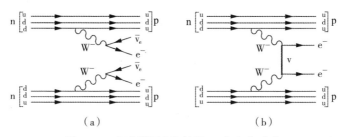

图 10-2　标准模型允许的双 β 衰变（a）与

标准模型不允许的无中微子双 β 衰变（b）

在不产生中微子的双 β 衰变中，原始原子核通过释放两个电子衰变。这样的过程对于狄拉克中微子（Dirac neutrino）是不被允许的，因为它破坏了电子的轻子数守恒，但对于同时是自身反粒子的中微子则有可能发生，相应的衰变机制如图 10-2（b）所示。观测到不产生中微子的双 β 衰变将成为中微子是自身反粒子的决定性证据。

原则上可以通过测量衰变生成的电子的能量对不产生中微子的双 β 衰变和普通的双 β 衰变进行区分。在单 β 衰变中，未被探测到的中微子带走了部分能量，从而形成连续的电子能量谱，泡利最初假设存在中微子就是基于上述原因。双 β 衰变中两个电子的总能量谱也存在同样的情况。然而在不产生中微子的双 β 衰变中，电子得到了终态的全部能量，这会令观测到的电子总能量谱中出现一个走势较陡的峰值。物理学家在设计实验的过程中遇到的主要问题在于，不产生中微子的双 β 衰变的预期发生率比普通的双 β 衰变还要低得多：1 千克不稳定同位素样品每年可能只发生一次（或更少的）衰变，这样的衰变率低得令人难以置信。因此，寻找不产生中微子的双 β 衰变的实验全都位于地下深处以免受到宇宙射线干扰。实验装置周围还需要设置屏蔽层，从而消除环境辐射造成的虚假信号。另外，用于衰变研究的同位素样品必须极为纯净，因为杂质发生 β 衰变造成的即使非常小的污染也会掩盖任何潜在的双 β 衰变信号。事实上，由于需要数千克同位素样品才能产生能够在实验中被检测到的计数率，以上要求相当严苛。

NEMO3 探测器是现阶段正进行的实验项目之一，它位于法国阿尔卑斯山勃朗峰下的弗雷瑞斯隧道内，其结构如图 10-3 所示。探测器中央的塔内放置着总重 10 千克的双 β 衰变同位素样品薄片。同位素样品四周环绕着一台能够探测并识别衰变形成的电子径迹并对其能量进行测量的探测器。它由记录电子径迹的多丝漂移室、测量电子能量的电磁量能器以及生成提供电荷相关信息的场的磁体线圈组成，其中电磁量能器由一块块搭配了低放射性光电倍增管的塑料闪烁体组成。探测器外部设有用来消除伽马射线影响的纯铁屏蔽层和能够去除中微子的木屏蔽层与水屏蔽层。整体而言，除了没有粒子束，NEMO3 的结构与对撞机中的传统探测器并没有太大区别。

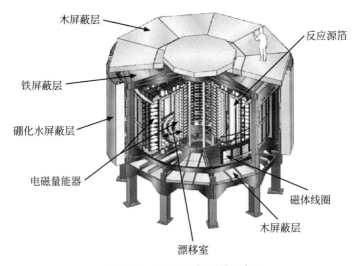

图 10-3 NEMO3 探测器示意图

图片来源: courtesy of the NEMO3 collaboration。

包括 NEMO3 探测器在内的各实验仍处于早期阶段，尚未出现存在不产生中微子的双 β 衰变的证据。最新结果显示，同时是自身反粒子的中微子的等效质量上限在 0.5 eV/c^2，这与狄拉克中微子目前的预言质量极限相差无几。

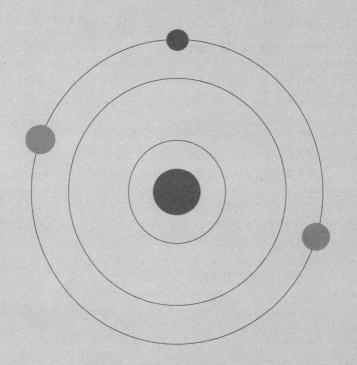

PARTICLE PHYSICS

第 11 章

天体粒子物理学与宇宙学

如今，粒子物理学与天体物理学的交叉领域越来越多，天体粒子物理学正处于快速发展的时期。粒子物理学和天体物理学之间的联系对宇宙学尤为重要，比如中微子能够为超新星爆发相关的动力学、宇宙射线的源头乃至宇宙在大爆炸中的起源等研究提供独特的信息。物理学家只能借助高能粒子对撞来接近大爆炸模型中早期宇宙极端的温度和密度条件（哪怕只是一点点），实验涉及的能标同样与粒子物理学中的大统一理论和超对称理论有所联系。

中微子天体物理学

来自太阳的宇宙射线和辐射一直是了解中微子的关键所在，它们改变了粒子物理学家认为中微子质量严格为 0 的观点。类似地，超高能中微子或许可以为银河系内外的天体以及更一般的宇宙学研究提供丰富的信息。

中微子天体物理学最早的实验之一是在罕见的超新星爆发中对

中微子进行观测。超新星爆发是一种恒星爆炸的现象。导致超新星爆发的一系列事件始于恒星通过核聚变将较轻的元素转化为较重的元素以产生能量。如果恒星质量达到太阳质量的 11 倍，其演化会经历核聚变的整个过程，最终形成一个周围包裹着一层层较轻元素的铁核。由于铁元素聚变并不释放能量，这个核将在自身引力的作用下开始收缩。然而，核中稠密的气体中的电子受泡利不相容原理限制，无法占据同一个量子态。收缩造成的挤压将使其中一些电子被迫进入动量较大的更高能级，从而产生与前者相对抗的电子简并压力（electron degeneracy pressure）。

最初，电子简并压力可以抵抗引力压缩，但等到恒星的外层逐渐"燃尽"、越来越多的铁沉积到核中，温度（能量）的上升导致电子的相对论性随之增强。当核的质量达到约 1.4 倍太阳质量时，电子开始具有超相对论性，其简并压力也不再能平衡向内的引力：恒星正处于一场毁灭性坍缩的边缘。随着核塌陷，电子能量的增加使得弱相互作用 $e^- + p \rightarrow n + v_e$ 成为可能。最终，恒星中绝大部分强子转化为中子，形成一颗中子星。坍缩在引力造成的压力与中子简并压力达到平衡时停止，中子简并压力是泡利不相容原理应用于中子所产生的效应。到那时，恒星通常只剩下数千米的半径。对于非常重的恒星，中子简并压力可能无法平衡引力，坍缩将不受控制地继续，导致黑洞出现。

恒星坍缩在中子简并压力下的结束非常突然。构成核的物质产生的冲击波通过坍缩的外层材料向外传播，形成超新星爆发。电子中微子的猛烈爆发将持续数毫秒，能量在 MeV 量级。核在片刻之间变得致密，就连中微子都无法穿透。之后，它进入一个包括核子、电子、正电子和中微子在内的所有成分均处于热平衡的阶段。这一时期，由于反应 $\gamma \rightleftharpoons l^+l^- \rightleftharpoons \upsilon_l\bar{\upsilon}_l$ 的缘故，各种味的中微子都会出现，其中 l 可以是任意轻子，包括电子、μ 子或 τ 子。双向箭头表示在平衡中两个方向上的反应会以相等的速率发生。此过程依赖于 Z^0 玻色子及电中性弱相互作用的存在。最终，物理学家计算出在 0.1 ～ 10 秒的时间内，平均能量约 15 MeV 的全部种类的中微子从坍缩的核中弥散开来，出现在各个方向上。所有中微子携带的能量约占超新星爆发释放总能量的 99%。话虽如此，超新星爆发巨大的总能量输出意味着，即便只是我们能看到的那 1% 的能量，也足以产生短暂却壮观的视觉效果。

最早从超新星爆发中探测到中微子的是超级神冈探测器实验和 IMB 合作项目，后者也用到了以水作为介质的切连科夫探测器。两个探测器都是为寻找大统一理论所预言的质子衰变而建成的。幸运的是，它们在 1987 年那次壮观的超新星爆发事件（SN1987A）发生时均处于运行状态。超级神冈探测器团队发现了 12 个电子反中微子事件，IMB 团队探测到 8 个，所有中微子都在 10 秒左右的时间区间内到达。探测到的中微子能量在 0 ～ 40 MeV，与在平衡反应中生成并于初始坍缩后从超新星中扩散的反中微子的预言能量相一致。利用中微子到达地球所需时间取决于其初始能量的事实，物理学家得出电子反中微子质量小于 20 eV/c² 的结论。尽管这比从氚元素 β 衰变中得到的 2 eV/c² 的最佳限制要大得多，但它仍是具有里程碑意义的测量结果，展示了中微子天文学观测能够揭示新的天体物理学信息。

来自超新星 SN1987A 的中微子能量较低，而物理学家对探测超高能中微子也抱有极大兴趣。我们知道存在一些能量在 TeV 量级的伽马射线源，其中许多位于活动星系核（active galactic nucleu），它们是星系中心在电磁波谱部分或全部波段光度高于正常值的致密区域。这是否意味着存在能量与之相仿的中微子源仍有待探究。为找到答案，物理学家需要探测到向上穿过地球的中微子，因为向下运动的中微子产生的信号会被大气中 π 介子衰变造成的信号掩盖。和其他所有弱相互作用一样，相关事件的探测率会很低，尤其是此类高能事件原本就十分罕见。

通过水中的切连科夫效应对 TeV 量级的中微子进行探测需要大量的水，比超级神冈探测器用到的还要多很多倍。一个巧妙的方案是利用海洋和冻结在南极冰层中的大量水资源，物理学家设计了一系列这样的实验，其中已建成的最大的项目是位于地理南极的南极 μ 子和中微子探测器阵列（Antarctic Muon And Neutrino Detector Array，AMANDA）。它由成串的光学模块组成，模块中的光电倍增管能够将切连科夫辐射转化为电信号（图 11-1）。整套系统借助特别的热水钻探设备安置于冰层深处，冰在热水钻探设备钻出的洞中围绕探测器再次凝结。南极 μ 子和中微子探测器阵列当前的版本覆盖了直径 120 米的圆柱体空间。它成功探测到了大气中的中微子并给出了目前高能中微子在天空中最详细的分布图，但尚未发现任何点状源的有力候选。

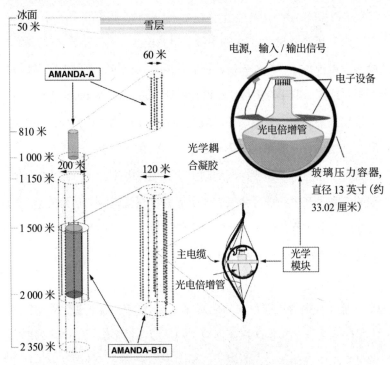

图 11-1　南极 μ 子和中微子探测器阵列示意图

南极 μ 子和中微子探测器阵列能够探测能量高达 10^{15} eV 的中微子，而物理学家正在南极建造一个更大的冰立方探测器（IceCube）。该探测器有望于 2011 年投入运行[①]，它将覆盖深度在 1.4～2.4 千米之

————————
① 冰立方探测器于 2011 年 5 月全部建成。——编者注

间面积约 1 平方千米的区域，大约是南极 μ 子和中微子探测器阵列所覆盖面积的 70 倍。冰立方探测器将有能力探测能量高达 10^{18} eV 的中微子。除此之外，还有一些试图对能量更高的中微子进行探测的创新实验，比如致力于揭示能量超过 10^{19} eV 的宇宙射线起源的南极瞬态脉冲天线（Antarctic Impulsive Transient Antenna，ANITA）。

南极瞬态脉冲天线借助一种类似切连科夫效应的现象搜寻与宇宙射线和构成宇宙微波背景辐射的光子之间的相互作用有关的中微子。这些光子遍布宇宙，是宇宙大爆炸证据的一部分。在无线电波波段的电磁辐射可以穿透的高密度介质中以超光速运动的粒子会导致成簇带电粒子产生。这些带电粒子在电磁波谱的无线电波或微波波段释放锥形辐射，这样的现象被称为阿斯卡莱恩效应（Askaryan effect）。由于冰对频率在 1.5 GHz 以下的无线电波是透明的，穿过南极冰层的中微子会产生在冰层中传播的强大电磁脉冲。简单来说，冰层扮演着将中微子的能量转化为无线电波的角色。

南极瞬态脉冲天线的实验装置由安装在位于南极冰架上方约 40 千米的气球平台上的探测器系统组成。气球平台在南极点附近持续不断的大气环流的推动下绕极点飞行，探测器能够从空中看到下方冰层一直延伸至约 700 千米外的地平线，相当于一台面积覆盖约 150 万平方米的巨型望远镜。

早期宇宙：暗物质和中微子质量

前文提到过，大爆炸模型作为现代天体物理学对宇宙的描述，是基于宇宙诞生于处在极端温度及密度条件下的非常小的区域并正在膨胀的观测事实。由于宇宙中的物质分布在大尺度上对各方向而言是均匀的，宇宙的膨胀在所有观测者看来都应相同，无论其身在何处。支持大爆炸模型的证据包括宇宙微波背景辐射以及宇宙中大量轻元素的存在。膨胀是否将无限持续下去取决于宇宙的平均密度 ρ，这个量的大小决定了引力的效应。目前，临界密度 ρ_c 大约是每立方米 5～6 个核子：密度低于这个值，宇宙将永远膨胀下去；而在这个密度之上，膨胀终将停止，宇宙会开始收缩。

物理学家通过相对密度 $\Omega = \dfrac{\rho}{\rho_c}$ 将宇宙当前的密度与临界值联系起来，相对密度对描述宇宙未来的前景很有帮助。在大爆炸模型最受青睐的版本暴涨模型（inflationary big bang model）中，宇宙早期存在一个短暂而快速的膨胀阶段，当时 $\Omega =1$，平均密度与临界密度相等。相对密度可以便利地拆分为三个部分：$\Omega = \Omega_r + \Omega_m + \Omega_\Lambda$，其中 Ω_r 是来自辐射的贡献，Ω_m 是物质的贡献，Ω_Λ 则是和宇宙学常数（cosmological constant）有关的贡献，也被称为暗能量。Ω_Λ 最初由爱因斯坦引入广义相对论以保证理论描述一个静态的宇宙，又在物理学家发现宇宙在膨胀后被设定为 0。最新结果显示，宇宙膨胀的速度事实上正在增加，这重新唤起了人们对宇宙学常数的兴趣。

在组成 Ω 的这些项中，只有 Ω_r 通过对宇宙微波背景辐射的分得到了准确测量：其贡献在数值上可以忽略不计。物质的贡献 Ω_m 可以从解释观测到的星系和星系团等宇宙大尺度结构运动所需的引力势能推算，得到的 Ω_m 值在 0.24 ～ 0.30。利用各种宇宙学观测可以对暗能量项 Ω_Λ 进行估算，例如最近在宇宙微波背景辐射中发现的微小温度波动，得到的 Ω_Λ 值约为 0.7。将所有贡献相加，我们看到 Ω 的值约等于 1，尽管其中的不确定度相当大。最近一项卫星实验对宇宙微波背景辐射中波动数据的分析支持了这一结论，研究得出的 Ω 值为 1，不确定度仅为 2%。但让人不太满意的一点是，作为分析中最大的一项贡献，暗能量的起源完全未知。

物质项 Ω_m 有源自各方面的贡献。来自重子的部分 Ω_b 可以从原子核在宇宙中形成的过程推断，它的值约为 0.05。由此可见宇宙中绝大多数物质并不发光，重子只占物质贡献的一小部分，约 15% ～ 20%。还可能存在其他不发光的重子物质，例如质量不足以维持核聚变反应的棕矮星（brown dwarf star）和行星大小的黑洞。有实验证据指向此类晕族大质量致密天体（massive compact halo objects, MACHOs）的存在，但其数量未知。不过，物理学家不认为仅凭这些天体就能对宇宙中缺失的质量做出解释。我们被迫得出一个惊人的结论：占比或许高达 85% 的大部分物质都是非重子组成的，它们被统称为暗物质。

暗物质的候选对象分为几类。大质量中微子是其中一种可能。

这种粒子必须足够重才能在宇宙早期维持其非相对论性，满足这一条件的暗物质被称为冷暗物质（cold dark matter）。而具备相对论性的粒子会迅速散开，在空间上给出均匀的能量分布，这样的暗物质被称为热暗物质（hot dark matter）。计算表明，后一种情况下没有足够的时间形成我们观测到的星系。一旦知道了中微子种类的数量就能够计算出大质量中微子的贡献，而从暗物质项的大小可以推出所有可能的中微子类型质量之和不能超过 $10\ eV/c^2 \sim 12\ eV/c^2$。

如此大的下限并不实用，幸运的是，用其他方式可以得到更精确的限制。即使中微子的质量低至 $0.1\ eV/c^2$，它们也能通过抑制最终会成为大尺度结构的扰动的增长对宇宙中大尺度结构的形成产生可观测的影响。为寻找此类大尺度结构进行的两次主要卫星巡天为所有中微子类型的质量加之和提供了限制。一些天体物理学家宣称这个值低至 $0.2\ eV/c^2$，不过更为保守的估计值在 $0.5\ eV/c^2 \sim 1.0\ eV/c^2$。即使考虑到统计学上的不确定度，以上结果仍比氚衰变给出的限制低得多。应当注意的是，这个范围不能被严格看作直接的测量结果，因为它取决于用到的宇宙学模型的细节。不过，如果以上分析正确无误，它意味着中微子在宇宙物质不足的问题中扮演的角色并不关键。

如今，物理学家相信冷暗物质最重要的组成部分是大质量弱相互作用粒子（weakly interacting massive particles, WIMPs）。科学家尚未发现任何满足条件的粒子，但最具潜力的候选对象来自超对称模型，尤其是模型中最轻的粒子（通常是中性微子），不过这并非唯一的可能性。南极 μ 子和中微子探测器阵列等实验装置可以对大质量弱相互作用粒子进行搜索，虽然它们并不是为此目的设计建造的。

最近建成的一些实验项目致力于探测原子核受大质量弱相互作用粒子撞击产生的反冲能量（约 50 keV）。一般说来，有几种识别这类反冲的方式。例如：砷化镓等半导体材料内会形成能够以电子手段被探测到的自由电荷；碘化钠等闪烁体释放的电子可以利用光电倍增管收集；而在低温晶体中，能量可以转化为微观振动，这种微观振动会表现为温度极小幅度的提升，从而被探测到。

现实中，科学家一直在努力尝试弥补大质量弱相互作用粒子预期的速度及质量会导致的极低探测率。如果大质量弱相互作用粒子是中性微子，根据预测，每千米探测器每周只能探测到 1 ～ 10 起事件，数量远低于自然发生（包括探测器自身材料造成）的放射性事件。与对不产生中微子的双 β 衰变进行搜索的实验一样，旨在寻找大质量弱相互作用粒子的实验都位于地下深处，以保护探测器不受宇宙射线影响，实验区域内也没有放射性岩石。探测器本身用极为纯净的材料建成，以最大限度降低材料造成的放射性信号。虽然这些实验仍处于初期阶段，但它们已经排除了部分包含低质量中性微子的超对称理论。

夸克胶子等离子体

普通物质中的夸克被限制在强子之中。然而在极高的能量密度下，条件将趋近于宇宙的早期阶段，那时夸克和胶子可以在比强子体积大的范围内自由移动。基于量子色动力学的近似计算显示，这发生在能量密度达到较重的原子核中心约 6 倍的情况下，相当于 $10^{12} \sim 10^{13}$ 开尔文的等效温度。此时，全新的物态出现了：夸克胶子等离子体（quark-gluon plasma）。这个名字源自恒星内部由电子和离子组成的等离子体。

夸克胶子等离子体存在于大爆炸后最初的零点零几秒，如今则可能出现在中子星中心。布鲁克海文国家实验室相对论性重离子对撞机（Relativistic Heavy Ion Collider, RHIC）的研究团队率先对这种新物态展开了搜索。实验对撞两束以相反方向环绕加速器的金离子束，离子束中每个核子带有 200 GeV 的能量，相互作用终态有数千个粒子生成。图 11-2 展示了相对论性重离子对撞机中一个时间投影室记录下的事件。

物理学家利用相对论性重离子对撞机研究金离子束对撞的能量密度是否足以生成夸克胶子等离子体，以及一旦生成，这种物质在冷却过程中的性质。这些问题可以通过研究对撞机生成各类粒子的产生率和角度分布来回答。最新结果显示，对撞中确实有夸克胶子等离子体形成。对夸克胶子等离子体的性质进行研究将有助于科学家了解夸克是如何实现退禁闭（deconfined）的。

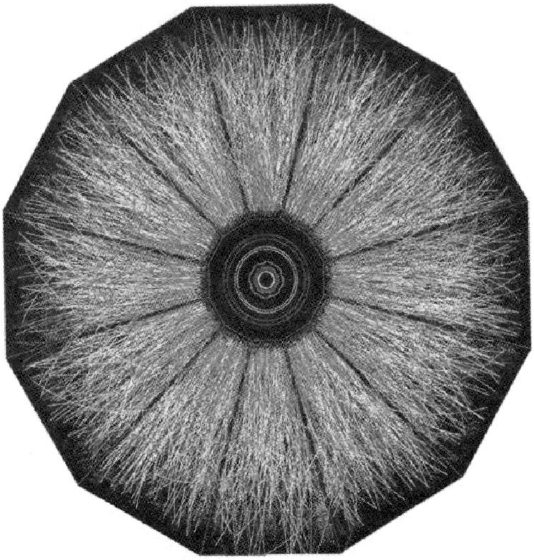

图 11-2　相对论性重离子对撞机时间投影室中

200 GeV 金离子束对撞生成的粒子

物质—反物质不对称性

宇宙最令人震惊的特征之一是其中反物质与物质相比的匮乏。宇宙射线主要由物质构成，剩下的少量反物质可以很容易地解释为星系间物质与光子发生碰撞的产物。天体物理学家也未曾观测到伴随着物质区域与反物质区域湮灭产生的强烈电磁辐射。宇宙中反物质的匮乏完全出乎物理学家意料，因为在最初的大爆炸中总重子数为 0 是非常自然的假设。尽管原则上这不是必需的，但大多数物理学家都不愿意假设宇宙在开始时就存在这种基本对称性的缺失。

假设总重子数为 0，在等效温度远大于强子能量的时期，重子和反重子会借助类似 $p + \bar{p} \rightleftharpoons \gamma + \gamma$ 等可逆反应与光子达到平衡。反应将一直持续，直到温度低到光子不再有足够的能量生成质子—反质子对，而膨胀也使得密度逐渐降低的质子和反质子越来越不可能相互湮灭。最终，重子及反重子与光子的数量比将"冻结"在 10^{-18} 左右，其中重子和反重子数量相等。尽管以上数量比在理论上不随时间改变，但重子与光子实际被观测到的数量比大约是 10^{-9}，反重子与光子则是 10^{-13}。这意味着，反重子与重子数量之比约为 10^{-4}。简单的大爆炸模型在这里彻底失效了。

俄罗斯物理学家安德烈·哈罗夫（Andrei Sakharov）率先提出了可能引起重子—反重子不对称的条件：第一，存在某种违反重子数守恒的相互作用；第二，存在违背电荷共轭以及 CP 复合对称性的相互作用；第三，出现某种能够促使整个过程发生的非平衡状态。前文中讨论过在某些电中性介子衰变中发生 CP 破缺的证据，但其源头和效应都无法解释观测到的重子—反重子不对称性。由此得出的结论是，一定存在另一种目前未知的导致 CP 破缺的原因。可能性之一是超对称理论中违反 CP 守恒的额外丰富效应。类似地，生成非平衡状态的方法也是未知的，尽管萨哈罗夫的第一个条件所要求的大统一理论中重子数不守恒的相互作用或许能为此提供答案，但情况依然如此。宇宙中的物质—反物质不对称性（asymmetry of matter-antimatter）仍是一个有待解决的严肃问题。

物质—反物质不对称性只是会在未来数年得到深入研究的众多问题之一。其中尤为重要的是测试超对称模型的各种假设并确定其预言的大量新粒子及耦合常数是否真的存在。如果超对称模型得到证实，它不仅有望对物质—反物质不对称性做出解释，同时也能帮助我们更好地理解宇宙学中包括宇宙起源在内的各种核心问题。

我们不得不惊叹于年轻的粒子物理学在仅仅一个世纪中取得的惊人进展。特别是过去的 40 年，我们见证了标准模型通过结合理论预言与巧妙的实验的兴起，以及它在解释粒子之间强相互作用及电弱相互作用上获得的成功。和广义相对论一起，标准模型能够对包括已知最小物体的相互作用和宇宙最大尺度结构的动力学在内的一系列现象做出解释，这是科学方法的成就。

表 A-1 简单总结了前文中讨论过的标准模型粒子及有关相互作用。对鬼魅的希格斯玻色子（表中唯一尚未得到确认的粒子）的成功探测将完善我们对电弱理论和质量起源的理解，并为拓展标准模型提供坚实的基础。如果欧洲核子研究中心的大型强子对撞机和费米实验室的万亿电子伏特加速器等实验没有探测到希格斯玻色子，我们将不得不彻底重新思考上述问题。

表 A-1 标准模型中的粒子及其相互作用（不含反粒子）

类型	符号	名称	力		自旋	荷	
			受到的力	传播的力		电荷	色荷
轻子	e、μ、τ	电子、μ子、τ子	引力、弱力、电磁力		$\frac{1}{2}$	-1	无
	ν_e、ν_μ、ν_τ	电子中微子等	引力、弱力		$\frac{1}{2}$	0	无
夸克	u、c、t	上夸克、粲夸克、顶夸克	引力、弱力、电磁力、强力		$\frac{1}{2}$	+2/3	有
	d、s、b	下夸克、奇夸克、底夸克	引力、弱力、电磁力、强力		$\frac{1}{2}$	-1/3	有
玻色子	γ	光子	引力、弱力、电磁力	电磁力	1	0	无
	W	带电规范玻色子	引力、弱力、电磁力	弱力	1	±1	无
	Z	电中性规范玻色子	引力、弱力	弱力	1	0	无
	g	胶子	引力、强力	强力	1	0	有
	H	希格斯玻色子	引力、弱力		0	0	无

　　标准模型的成功促使物理学家展开更深入的研究：为什么只有三代夸克和轻子？为什么基本力具有不同的强度？为何可接受的量子场论具有规范不变性这一特殊性质？为了回答这些问题，物理学家构造出颇具雄心的涵盖更多基本力的统一理论。未来伴随着大型强子对撞机实验结果的出现，来自这些大统一理论及超对称理论的预言将得到检验，这有助于解决包括宇宙中反物质为何如此之少在内的许多问题。

　　如今粒子物理学中涌现的最具雄心的理论试图用一种全新的粒子概念将强相互作用及电弱相互作用与引力统一起来：它将粒子视作一维弦的振动。目前，无论是期待依靠弦理论得到独特的预言，还是用实验对弦理论做出的任何预言进行检验都希望渺茫。得出能够在当前可以实现的能量下得到测试的独特预言是弦理论物理学家所面临的巨大挑战。由于现有测试往往需要接近大爆炸发生时的极高能量，粒子物理学家、天体物理学家和宇宙学家逐渐团结在一起，以解决包括寻找潜在的超对称粒子以及如何对暗物质和暗能量的起源做出解释等共通难题。不过，并非所有尚未解决的有关宇宙及存在于其中的粒子的问题都需要用到巨型加速器。超对称理论对电偶极矩、质子的稳定性和中微子的性质都做出了可以在规模较小的实验中得到检验的预言，物理学家也希望这一类研究能够带来更多突破。

　　粒子物理学短暂的历史由持续不断的发现和日益加深的理解书写而成。它又会有怎样的未来呢？我们无法做出具体的预测，但可以肯定的是，随着科学家进一步探究有关宇宙本质和起源的问题，未来的研究前景令人极为振奋，而且无疑会带来更多惊喜。马克斯·普朗克年轻时得到的不要学习物理的建议——"没剩下什么可发现的了"，如今依然像他在 1875 年听到时一样荒谬。

加速器：
利用电场将带电粒子加速至高能的机器。

阿尔法粒子（α）：
氦原子核，由通过强相互作用结合在一起的两个质子和两个中子构成，出现在某些放射性核衰变中。

角动量：
旋转运动的性质，对旋转粒子的能量有贡献。量子粒子可以同时具备绕固定轴旋转造成的轨道角动量和静止时也存在的内禀自旋角动量。

反物质：
每种物质粒子都有相应的反物质粒子，后者内禀量子数符号与前者相反，但具有相同的自旋和质量。粒子与相应的反粒子可以相互湮灭并在湮灭过程中将质量转化为能量。

反粒子：
反物质版的粒子，如反质子、反夸克。存在少数与自身反粒子相同的粒子，比如光子。

渐近自由：
随着夸克之间距离的减小，其间强相互作用强度降低的现象。

原子：
由一个非常小的带正电的中心原子核及周围环绕的电子组成的物质系统，可认为是化学元素的最小单位。

B 介子工厂：
粒子束对撞加速器，能量经过调试可以大量生产包含底夸克或反底夸克的粒子。

重子：
一类参与强相互作用的粒子，由三个夸克组成。例如核子，超子。

重子数：
与重子有关的内禀量子数。一个粒子系统的总重子数等于其重子总数减去反重子的数量。

β 衰变：
弱相互作用导致的衰变，释放一个电子（或正电子）和一个中微子。

大爆炸：
标志着宇宙开端的事件，其间宇宙自密度巨大、温度极高的小区域迅速膨胀。

黑体辐射：
带有热量的物体发出的电磁辐射，具备由物体温度决定的特定波长分布。

玻色子：
自旋值为整数的粒子，如光子、胶子和 π 介子。

底数：
与底夸克有关的内禀量子数。一个粒子系统的总底数等于其底夸克总数减去反底夸克的数量。

底夸克偶素：
由一个底夸克与一个反底夸克构成的复合态。

底夸克（b）：
带有 –1/3 电荷的质量较大的夸克，电荷量以电子电荷的大小为单位。

气泡室：
利用过热液体中一系列气泡的径迹展现粒子径迹的粒子探测器。在 20 世纪 50 年代至 60 年代使用，现已废弃。

卡比博角：
这个参数决定了奇夸克与下夸克之间的混合，以及它们在弱相互作用中扮演的角色。

CERN：
欧洲核子研究中心，位于瑞士日内瓦，实际从事粒子物理学研究。

电荷共轭：
将所有粒子变为其反粒子的操作。相关量子数 C 在强相互作用和电磁相互作用中守恒，但在弱相互作用中不守恒。

带电的弱相互作用：
以 W 规范玻色子为媒介的弱相互作用。

粲数：
与粲夸克有关的内禀量子数。一个粒子系统的总粲数等于其粲夸克总数减去反粲夸克的数量。

粲夸克偶素：
由一个粲夸克与一个反粲夸克构成的复合系统。

粲夸克（c）：
带有 2/3 电荷的质量较大的夸克，电荷量以电子电荷的大小为单位。

切连科夫辐射：
带电粒子在介质中以超光速运动造成的辐射。

经典物理学：
量子理论得到发展前的物理理论。

对撞机：
粒子加速器，两束沿相反方向运动的带电且稳定的粒子在其中正面相撞。

色量子数：
夸克的内禀量子数。色荷是强相互作用的基础，与电荷在电磁相互作用中扮演的角色相当。

守恒定律：
要求特定物理量（例如能量）在相互作用前后维持不变的定律。

宇宙射线：
从太空撞向地球大气层的高能粒子（主要是质子）。

耦合常数：
表示粒子间相互作用内禀强度的常数，通常随能量变化。

CPT 定理：
该定理指出，所有具备相对论性的量子场论都在电荷共轭、宇称和时间反演的共同作用下保持不变。

回旋加速器：
早期的环形加速器，已不再应用于粒子物理学研究。

暗物质：
暗物质被提出以解释宇宙中存在比直接观测到的更多的物质的事实。可能的暗物质包括大质量中微子、中性微子和大质量弱相互作用粒子。

衰变：
不稳定系统转变为能量较低的稳定系统的过程。

深度非弹性散射：
轻子与靶核子间的高能相互作用，其中轻子会深入核子内部结构。

狄拉克方程：
结合了相对论与量子理论的描述电子的方程，带来了有关反粒子的预言和对自旋的理解。

双 β 衰变：
释放两个电子及两个中微子的 β 衰变。

下夸克（*d*）：
带有 –1/3 电荷的质量较小的夸克，电荷量以电子电荷的大小为单位。

八重法：
强子的分类机制，夸克模型从中诞生。

电偶极矩（EDM）：
电偶极矩取决于粒子的电荷分布，它决定了粒子如何与外部电场相互作用。只在时间反演不守恒时才不为 0。

电磁相互作用：
带电粒子间的相互作用，通过交换光子发生。

电磁辐射：
带电粒子加速时发出的辐射。

电子（e⁻）：
原子稳定、带负电荷的组成部分，轻子家族的一员。

电弱相互作用：
统一弱相互作用和电磁相互作用的理论。

电子伏特：
电子通过 1 伏特电势加速所获得的能量。

$E=mc^2$：
粒子能量与质量之间的关系，通过真空

中的光速表示。

费米子：
带有半整数自旋值的粒子，如质子和电子。

费曼图：
粒子相互作用的图像表达，通过微扰理论得到粒子物理学中可测量的数值。

场：
被赋予某些物理性质的时空区域。

精细结构常数：
电磁相互作用的耦合常数。

裂变：
重原子核分裂成较小原子核的过程。

味：
区分不同种类夸克的物理量的统称，如内禀量子数和质量。比如上夸克和下夸克的味就不同。

聚变：
轻原子核结合在一起，形成较重原子核的过程。

伽马射线：
能量在 GeV 区间的光子。

规范玻色子：
传播电弱力及强力的玻色子。

规范理论：
此类理论对理论中的物理量进行特定的数学操作不改变理论的物理预测，例如

量子电动力学与量子色动力学。

世代：
夸克和轻子家族的分类。各有三个世代，每个世代由两个夸克和两个轻子（带电轻子及相应中微子）组成。

GeV：
吉电子伏特，等于 10^9 电子伏特。

胶球：
仅由胶子构成的假想复合粒子。

胶子：
基本强相互作用自旋为 1 的载力子，类似于电磁相互作用中的光子，呈电中性但带有不为 0 的色量子数。

大统一理论（GUT）：
尝试统一电弱相互作用与强相互作用的理论。

引力：
自然界四种基本力中最弱的一种。所有物质都受引力影响。

强子：
由夸克组成的参与强相互作用的粒子。

希格斯玻色子：
自旋为 0 的大质量电中性粒子，是标准模型中电弱相互作用的质量来源。

希格斯机制：
质量为 0 的粒子在不破坏规范不变性的情况下通过与希格斯场发生相互作用获得质量的机制。

超子：
奇异数不为 0 的不稳定重子，其衰变产物包含一个核或另一个超子。

红外奴役：
夸克间强相互作用的强度随彼此之间距离的增加而上升。这导致夸克被限制在强子之中。

离子：
由于缺失（或额外获得）电子而带有正电（或负电）的原子。

喷注：
在高能反应中产生并沿固定方向聚集的粒子系统，源自夸克和胶子。

J/ψ 粒子：
粲夸克偶素家族率先被发现的成员。

K 介子：
发现的首个奇异数不为 0 的介子。

keV：
千电子伏特，等于 10^3 电子伏特。

动量：
物体由于运动而具有的物理量，其值等于质量 × 速度。

大型正负电子对撞机（LEP）：
位于欧洲核子研究中心。

轻子：
不参与强相互作用的自旋 $\frac{1}{2}$ 的粒子，如电子、μ 子和中微子。

轻子数：
与轻子世代相关的量子数，在所有相互作用中守恒。

大型强子对撞机（LHC）：
位于欧洲核子研究中心。

Linac：
直线加速器。

晕族大质量致密天体：
如棕矮星和小型黑洞。

马约拉纳中微子：
一种同时是自身反粒子的中微子。

磁矩：
决定粒子在磁场中表现的物理量。

质量：
物体的性质，衡量其惯性大小的物理量。物体的质量是不变的，重力则受引力影响。

介子：
强子的一种，由一个夸克和一个反夸克构成。

MeV：
兆电子伏特，等于 10^6 电子伏特。

混合：
量子理论允许一组态被写作另一组态的线性组合而不改变任何物理预测的性质。

分子：
由电磁力结合在一起的原子团。

μ 子:
比电子重的不稳定轻子,是电子的姊妹粒子,通过弱相互作用衰变。

中微子:
电中性轻子,存在三种不同的类型(味)。

无中微子的双 β 衰变:
释放两个电子但没有中微子的 β 衰变,只可能发生于马约拉纳中微子。

中微子混合:
参考"混合"。

中微子振荡:
一种中微子可能由于中微子混合转化为另一种中微子,只有中微子质量不为 0 才可能发生。

电中性弱相互作用:
以 Z 玻色子为媒介的弱相互作用。

中子:
原子核的电中性组分,比质子重约 0.1%。

核子:
原子核的组分,质子和中子的统称。

原子核:
带正电的小而致密的原子核心。

宇称:
将所有空间坐标取反的作用,相关量子数 P 在强相互作用和电磁相互作用中都守恒,但在弱相互作用中不守恒。

元素周期表:
根据原子核中质子数排列的化学元素周期表,强调元素彼此间化学性质相似的规律。

微扰理论:
一种计算方法,通过逐渐减小的项修正对特定过程的主要贡献。

光子:
不具备质量的自旋为 1 的玻色子,电磁相互作用的媒介。

π 介子:
最轻的介子,存在三种带电类型。

普朗克能量:
引力效应与规范相互作用相当时的能量,约为 10^{19} GeV。

普朗克常数(h):
值非常小的基本常数,但在决定量子世界的性质中起到重要作用。例如,粒子的自旋是 $\frac{h}{2\pi}$ 的半整数倍数。

正电子:
电子的反粒子,带有正电荷。

质子:
原子核带正电的组分。

量子色动力学(QCD):
带色荷的夸克通过交换有色胶子发生强相互作用的理论。

量子电动力学(QED):
描述通过交换光子发生的电磁相互作用的理论。

夸克胶子等离子体：
由在与单个强子相比大得多的区域内自由移动的夸克和胶子构成的物态，据信存在于约 10^{12} 开尔文以上的等效温度。

夸克：
标准模型自旋为 $\frac{1}{2}$ 的基本粒子。存在六种不同味的夸克：上夸克、下夸克、奇夸克、粲夸克、底夸克和顶夸克。

放射性：
描述一些原子核自发衰变的术语。

重整化：
去除出现在量子场论中的无穷大的方法。

共振态：
通过强相互作用、电磁相互作用或弱相互作用衰变的不稳定粒子。

跑动耦合：
任何随能量变化的粒子耦合。

斯坦福直线加速器中心（SLAC）：
位于美国加利福尼亚州。

萨德伯里中微子观测站（SNO）：
位于加拿大安大略省萨德伯里地下的中微子物理学实验室。

自旋：
粒子的内禀角动量，以普朗克常数 $\frac{h}{2\pi}$ 的半整数倍数给出。

自发对称性破缺：
一种维持相互作用规范不变性完整的对称性破缺。

标准模型：
基本粒子物理学的现有理论，由夸克通过交换胶子进行的强相互作用以及夸克和轻子通过交换光子、W 玻色子和 Z 玻色子进行的电弱相互作用组成。

奇异粒子：
奇异数不为 0 的粒子，因此包含一个以上的奇夸克或反奇夸克。

奇夸克（s）：
带有 –1/3 电子电荷的夸克，质量大于下夸克且小于粲夸克，电荷量以电子电荷的大小为单位。

奇异性：
包含至少一个奇夸克的粒子的性质。

弦理论：
基于粒子是一维弦的振动的粒子理论。

强相互作用：
自然界四种基本相互作用之一，将强子内的夸克和反夸克结合在一起。

核力：
核子间的力，将原子核中的核子结合在一起，是夸克间强相互作用的残余效应。

超级神冈探测器：
位于日本阿尔卑斯山的地下中微子研究设施。

超对称粒子：
超对称理论提出的用来与现有粒子"配对"

的粒子，如超电子、超胶子和超夸克。

超对称（SUSY）：
统一费米子与玻色子的理论，其中每种已知粒子都有另一种尚未被发现的自旋相差 $\frac{1}{2}$ 的粒子与其配对。

对称性：
用于描述系统或理论在某些作用下保持不变的术语。例如，一个圆具有旋转对称性。

同步加速器：
一种环形加速器。

τ 子：
质量最大的轻子。

时间反演：
对所有时间坐标取反的操作。

顶夸克（t）：
质量最大的夸克。带有 +2/3 电子电荷。

不确定性原理：
该原理指出，量子理论中的能量守恒定律可以在一段由普朗克常数 h 给出的极短时间内被违背。

统一理论：
尝试将强相互作用、电磁相互作用、弱相互作用以及引力统一起来的理论。

γ 粒子：
一个底夸克及其反夸克构成的束缚态。

上夸克（u）：
带有 +2/3 电荷的轻夸克，电荷量以电子电荷的大小为单位。

矢量介子：
带有单位自旋的介子，如光子。

虚粒子：
费曼图中被其他粒子交换但不出现在初态或终态的粒子。

W 玻色子：
自旋为 1 的带电粒子，是带电弱相互作用的媒介。

带电的弱相互作用：
通过交换 W 玻色子进行的弱相互作用。

弱相互作用：
自然界四种基本相互作用之一。以 W 玻色子和 Z 玻色子为媒介。

电中性弱相互作用：
通过交换 Z 玻色子进行的弱相互作用。

大质量弱相互作用粒子：
超中微子是可能的候选之一，这是超对称理论中质量最低的粒子。

Z 玻色子：
自旋为 1 的电中性粒子，是电中性弱相互作用的媒介。

未来，属于终身学习者

我们正在亲历前所未有的变革——互联网改变了信息传递的方式，指数级技术快速发展并颠覆商业世界，人工智能正在侵占越来越多的人类领地。

面对这些变化，我们需要问自己：未来需要什么样的人才？

答案是，成为终身学习者。终身学习意味着具备全面的知识结构、强大的逻辑思考能力和敏锐的感知力。这是一套能够在不断变化中随时重建、更新认知体系的能力。阅读，无疑是帮助我们整合这些能力的最佳途径。

在充满不确定性的时代，答案并不总是简单地出现在书本之中。"读万卷书"不仅要亲自阅读、广泛阅读，也需要我们深入探索好书的内部世界，让知识不再局限于书本之中。

湛庐阅读 App: 与最聪明的人共同进化

我们现在推出全新的湛庐阅读App，它将成为您在书本之外，践行终身学习的场所。

不用考虑"读什么"。这里汇集了湛庐所有纸质书、电子书、有声书和各种阅读服务。

可以学习"怎么读"。我们提供包括课程、精读班和讲书在内的全方位阅读解决方案。

谁来领读？您能最先了解到作者、译者、专家等大咖的前沿洞见，他们是高质量思想的源泉。

与谁共读？您将加入到优秀的读者和终身学习者的行列，他们对阅读和学习具有持久的热情和源源不断的动力。

在湛庐阅读App首页，编辑为您精选了经典书目和优质音视频内容，每天早、中、晚更新，满足您不间断的阅读需求。

【特别专题】【主题书单】【人物特写】等原创专栏，提供专业、深度的解读和选书参考，回应社会议题，是您了解湛庐近千位重要作者思想的独家渠道。

在每本图书的详情页，您将通过深度导读栏目【专家视点】【深度访谈】和【书评】读懂、读透一本好书。

通过这个不设限的学习平台，您在任何时间、任何地点都能获得有价值的思想，并通过阅读实现终身学习。我们邀您共建一个与最聪明的人共同进化的社区，使其成为先进思想交汇的聚集地，这正是我们的使命和价值所在。

CHEERS

湛庐阅读 App
使用指南

读什么

· 纸质书
· 电子书
· 有声书

怎么读

· 课程
· 精读班
· 讲书
· 测一测
· 参考文献
· 图片资料

与谁共读

· 主题书单
· 特别专题
· 人物特写
· 日更专栏
· 编辑推荐

谁来领读

· 专家视点
· 深度访谈
· 书评
· 精彩视频

HERE COMES EVERYBODY

下载湛庐阅读 App
一站获取阅读服务

图书在版编目（CIP）数据

人人都该懂的粒子物理学/（英）布赖恩·马丁
(Brian Martin) 著；朱桔译 . -- 杭州：浙江教育出版
社 , 2023.6

ISBN 978-7-5722-5749-0

Ⅰ . ①人… Ⅱ . ①布… ②朱… Ⅲ . ①粒子物理学－
普及读物 Ⅳ . ① 0572.2-49

中国国家版本馆 CIP 数据核字（2023）第 074560 号

浙江省版权局
著作权合同登记号
图字:11-2023-090号

上架指导：粒子物理学 / 科普读物

人人都该懂的粒子物理学
RENREN DOU GAI DONG DE LIZIWULIXUE

［英］布赖恩·马丁（Brian Martin）　著

朱　桔　译

责任编辑：高露露

美术编辑：韩　波

责任校对：王晨儿

责任印务：陈　沁

封面设计：宋欣蔚

出版发行：浙江教育出版社（杭州市天目山路 40 号　电话：0571-85170300-80928）

印　　刷：石家庄继文印刷有限公司

开　　本：880mm ×1230mm 1/32

印　　张：7.125　　　　　　**字　　数：**151 千字

版　　次：2023 年 6 月第 1 版　　**印　　次：**2023 年 6 月第 1 次印刷

书　　号：ISBN 978-7-5722-5749-0　　**定　　价：**79.90 元